科學腦養成計畫

可以吃的實驗圖鑑

著 中村陽子
監修 宮本一弘
譯 郭子菱

前言

在口中冒泡融化的碳酸糖、

會變色的糖霜杯子蛋糕、

用烤箱烤也不會融化的冰淇淋！

這些無論是製作還是品嘗都很有趣，又有點不可思議的小點心。

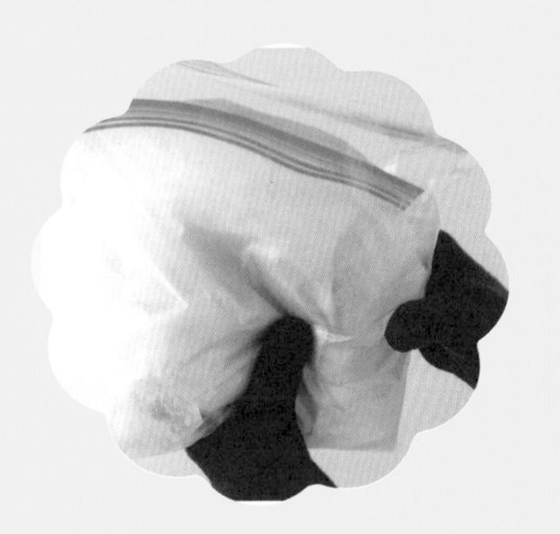

其實，這一切都跟大家在學校裡
所學的「理科」力量息息相關。

不擅長理科？做點心好像很困難？

別擔心，完全沒問題！

要讓「可以吃的實驗」成功，最重要的祕訣，

就是「確實計算材料與時間」。

僅僅如此而已！

材料就透過量杯、量匙、廚房秤等，

來確實、仔細地測量吧。

至於要燙或是煮的時間，

只要先設定好廚房計時器就可以放心了！

將測量工具運用自如，

便是邁向擅長實驗、擅長料理的第一步。

再來，只要擁有「到底會變成什麼樣子呢？」、

「為什麼會變成這個樣子呢？」的**好奇心與研究心**，

以及「想要吃自己做的點心！」這種**興奮期待的心情**，

就準備完美了！

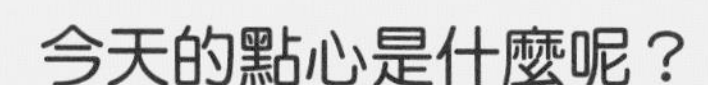

今天的點心是什麼呢？

來，就在自家的廚房展開好吃的科學實驗吧！

中村陽子

【會用於實驗的基本器具】 ※ 除此之外的器具，請在各自的實驗「器具」清單中確認吧。

量匙

1 大匙為 15mL，
1 小匙為 5mL。

量杯

除了容量 200mL 的以外，還需要準備 300mL、500mL 的。

廚房秤

想要正確測量出材料重量時非常方便！

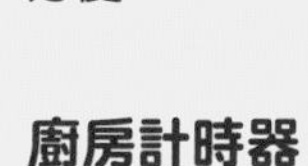

廚房計時器

善用計時器，
確認時間！

微波爐

微波爐的加熱時間以使用 600W 時為基準。
若使用 500W 進行調理，就用 1.2 倍的時間加熱吧。

目錄

part 3 溫度的神奇之處

part 4 凝固的神奇之處

做實驗時的要點

1 小心受傷或意外！

為了不要被菜刀切到手，或是被火及熱水燙傷，要十分小心。將鐵板從烤箱拿出來時，一定要戴手套。可以的話，請大人幫忙把東西從烤箱拿出來會比較安心。

2 確認微波爐與烤箱的用法！

不同種類的微波爐與烤箱用法也不同。此外，連同容器一起用微波爐加熱時，必須把容器放進陶器等耐熱容器中。跟家人確認微波爐與烤箱的用法吧。

3 進行「可以吃的實驗」前務必要洗手！

如果手不乾淨或是有細菌，食材和用具也會不乾淨。實驗之前要確實地用肥皂洗手喔！事前清洗好實驗要用的器具與碗盤非常重要。

4 確實測量材料

要讓實驗成功，遵守材料的份量與時間也非常重要。只要事先測量好要用於實驗的材料，就能使實驗順利進行。也要預先瀏覽過實驗的做法，就不會手忙腳亂囉。

5 實驗後要確實地收拾乾淨

實驗結束後，要將廚房恢復原狀。要確實地清洗器具與碗盤，砂糖、鹽巴、麵粉等也要放回原位喔。最後要用廚房抹布等把使用過的地方擦乾淨，這樣下個人也能舒服地使用廚房啦。

6 準備筆記本或相機，進行記錄！

實驗中會出現各種變化。將察覺到的內容筆記下來或是拍照起來，之後回顧實驗時就會派上用場囉。當實驗不順利時，只要有筆記就能找出失敗的原因，成為線索！

本書的使用方法

可以吃的實驗菜單

一邊進行科學的神奇實驗，最後還能夠可口享用。這些實驗全部都只要用廚房就有的器具與切身食材，便能輕鬆挑戰。

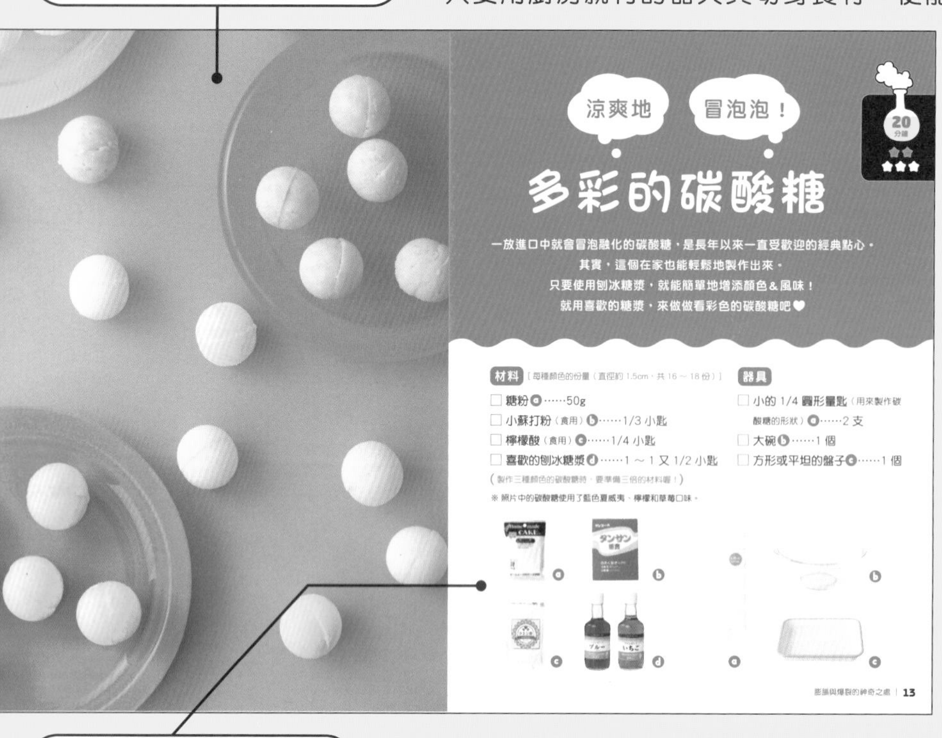

時間的基準

實驗所需花費的時間基準。並非只有在廚房作業的時間，也包含觀察的時間。

難易度

星星數量代表實驗的難易度。有色的星數越多，難度越高。

材料與使用器具

為食材份量與實驗所需要的器具清單。只要在實驗開始前先全部確認過一次並備齊，就不會在實驗中慌亂地找東西了。

實驗也是「有備無患」喔！

食譜與順序

簡單易懂地解說「可以吃的實驗」的順序。就一面看著照片比對顏色與黏稠等狀態，進行實驗吧！

看了照片，馬上就會知道做法的重點囉。

可以吃的實驗開始！
攪拌材料
將 50g 的糖粉、1/4 小匙的檸檬酸加入大碗中。
用指尖徹底攪拌均勻。
一點一點地加入來觀察狀態吧！
一點一點地加入 1～1又1/2 小匙的刨冰糖漿，並加以攪拌。
如果太軟的話…只要再加一點糖粉就沒問題了！
形成帶有顆粒的結塊，以用手指緊捏就能成塊為基準。
用糖漿的量來調整硬度
加入 1/3 小匙小蘇打粉，用指尖把全部混和均勻。
14

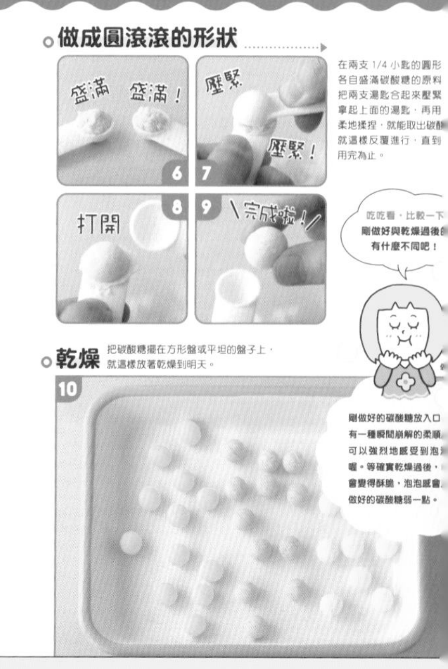

做成圓滾滾的形狀
盛滿
盛滿！
壓緊
壓緊！
打開
完成啦！
乾燥
把碳酸糖擺在方形盤或平坦的盤子上，就這樣放著乾燥到明天。

來自實驗博士的解說

在「可以吃的實驗」中產生神奇變化的原因，就讓實驗博士來仔細地告訴你吧。
還有滿滿的小知識讓你去察覺應用在生活周遭的科學智慧！

解謎

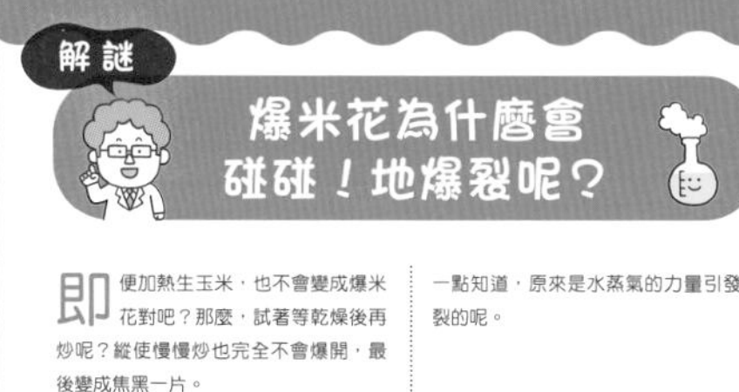

即便加熱生玉米，也不會變成爆米花對吧？那麼，試著等乾燥後再炒呢？縱使慢慢炒也完全不會爆開，最後變成焦黑一片。

其實，能夠做成爆米花的，只有「爆裂種」這種專門的種類而已。其中的祕密，只要把玉米粒切開就能理解了。和熟悉的烤玉米用的甜玉米相比較後，就會很明顯發現不同了！爆米花用的玉米，胚與柔軟的澱粉質被一層厚厚、堅硬的澱粉包住。甜玉米則因為軟質澱粉層比較厚，才會又甜又好吃。

將爆米花用的爆裂種玉米加熱後，軟質澱粉中的水分也會跟著被加熱變成水蒸氣。水蒸氣眼睛是看不見的，而且水蒸氣的體積比液體大很多，甚至會高達 1700 倍。然而，硬質澱粉層成了牆壁，水蒸氣便跑不出去了。想膨脹的水蒸氣只好在內部擠來擠去，等到堅硬的澱粉質承受不住後，就會啪！地一口氣向外爆裂。若觀察爆米花爆裂的樣子，就會發現平底鍋的鍋蓋上會附著密密麻麻的水滴。這就是爆米花爆裂時噴出的水蒸氣冷卻後所形成的。我們也能從這一點知道，原來是水蒸氣的力量引發爆裂的呢。

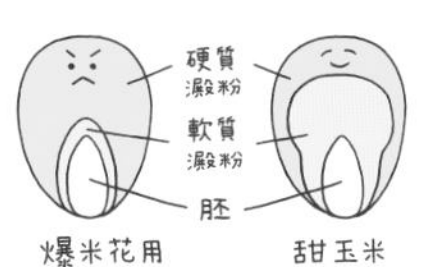

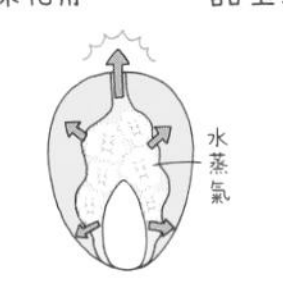

軟質澱粉層中的水分會變成水蒸氣膨脹，從爆米花的內側推擠！由於爆米花在爆裂時水蒸氣會一口氣噴發出去，重量會比調理之前還要輕。

來調查看看吧！

水蒸氣是什麼呢？

變成氣體的水就是水蒸氣！
眼睛是看不見水蒸氣的。

水冷卻後會成為固體的冰，加熱後則變成氣體的水蒸氣。水蒸氣是無色且透明的，眼睛看不見。若在晴天的日子晒衣服，在收衣服時便會感到很乾爽對吧？這是因為原本衣物中的水分變成水蒸氣跑到空氣裡了。那麼，燒水時看到的熱氣呢？其實，熱氣是水蒸氣冷卻下來後變回水分的產物。白色且看得見的熱氣，原來是液體呢。

來調查看看吧！

火山爆發跟爆米花是相同原理！

水蒸氣的力量連火山那麼厚的岩盤也能噴飛！

日本有許多火山。就連日本第一高山富士山，也是至今還在活動的活火山之一喔。火山爆發有幾種，其中一種稱為「蒸氣噴發」，是由跟爆米花爆裂相同原理所引起的。當地下水因地底岩漿的熱而沸騰後，火山內部就會產生大量的水蒸氣。當水蒸氣的壓力太高，便會突破堅硬的岩盤，將岩石與火山灰連同水蒸氣全部噴發出來。

將小蘇打粉＋檸檬酸的神奇之處進一步實驗！

滿滿的泡泡！發泡入浴劑

使泡澡時間變快樂的發泡入浴劑，跟碳酸糖有相同的配方。把將小蘇打粉與檸檬酸混合作成塊狀的入浴劑後放入浴缸中，就會跟熱水起反應而冒泡泡！若用餅乾造型的模具代替塑膠杯來固型，便能做出各種形狀的入浴劑。此外，也推薦加入幾滴精油，就會變成有香味的入浴劑了！

【要準備的東西】●小蘇打粉……2 大匙　●檸檬酸……1 大匙　●消毒用酒精……少許
●滴管……1 支　●木筷……1 支　●塑膠杯……2 個

1 將小蘇打粉與檸檬酸加入杯中攪拌。

2 用滴管加入 2 ～ 3 滴酒精。

3 用木筷繞圈攪拌。

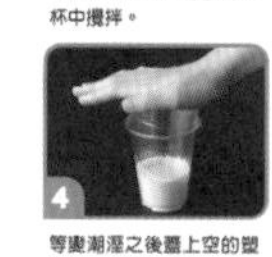

4 等變潮溼之後蓋上空的塑膠杯，用力往下壓。

5 放 2 ～ 3 小時凝固後，從杯中取出。

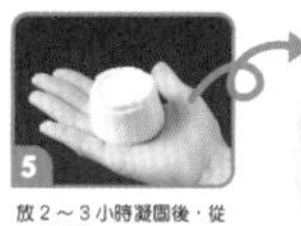

冒泡！

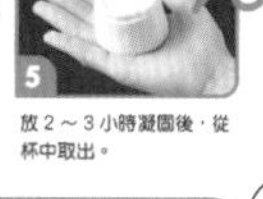

據說二氧化碳有保溫的效果喔！
哇～好舒服～！

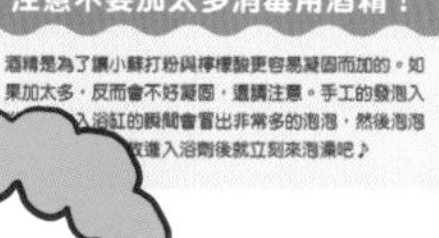

注意不要加太多消毒用酒精！
酒精是為了讓小蘇打粉與檸檬酸更容易凝固而加的。如果加太多，反而會不好凝固，還請注意。手工的發泡入
入浴缸的瞬間會冒出非常多的泡泡，然後泡泡
放進入浴劑後就立刻來泡澡吧♪

思考「為什麼」是很重要的喔。

有趣的理科實驗

就用更進一步的實驗，去追求在「可以吃的實驗」中所學習到的神奇之處吧！顏色與形狀出現有趣變化的實驗，也很適合自由研究。要小心藥物不要進到眼睛或嘴巴裡，就和大人一起實驗吧！

本書的領航人

酷酷君

喜歡做點心與吃東西的小學五年級生。由於遇見了實驗博士，察覺到了理科實驗的有趣之處。

麗卡

夢想是將來要成為科學家的小學五年級生。跟酷酷君感情很好。兩人會一起挑戰可以吃的實驗。

實驗博士

在學校教理科的老師。會衝出理科教室，教你即使在家也能快樂學習的實驗。非常喜歡實驗與甜點。

part 1

膨脹與爆裂的神奇之處

在放入口的瞬間，
會啪！的一聲爆裂，
或是放在火上烤就會不停地膨脹。
神奇的口感祕密，
在於眼睛看不到的「氣體」!?
去觀察、製作、品嘗
二氧化碳與水蒸氣的神奇之處吧！

你在做什麼呢？
呼
呼
啊——
你說這個？
因為吐出來的氣息中好像有很多二氧化碳，我就想說用力吹氣進去能不能變成碳酸水……但看來是不行。
你們想知道冒泡泡的方法嗎？
當然想知道!!
冒出
那麼，就去我們的實驗室——廚房吧！
喔——!!

啵啵
冒泡
冒泡
啪啪
雖然肉眼看不到二氧化碳與水蒸氣，不過它們可是會膨脹、爆裂，擁有很強的力量喔。
請讓我們看看冒泡泡的力量！

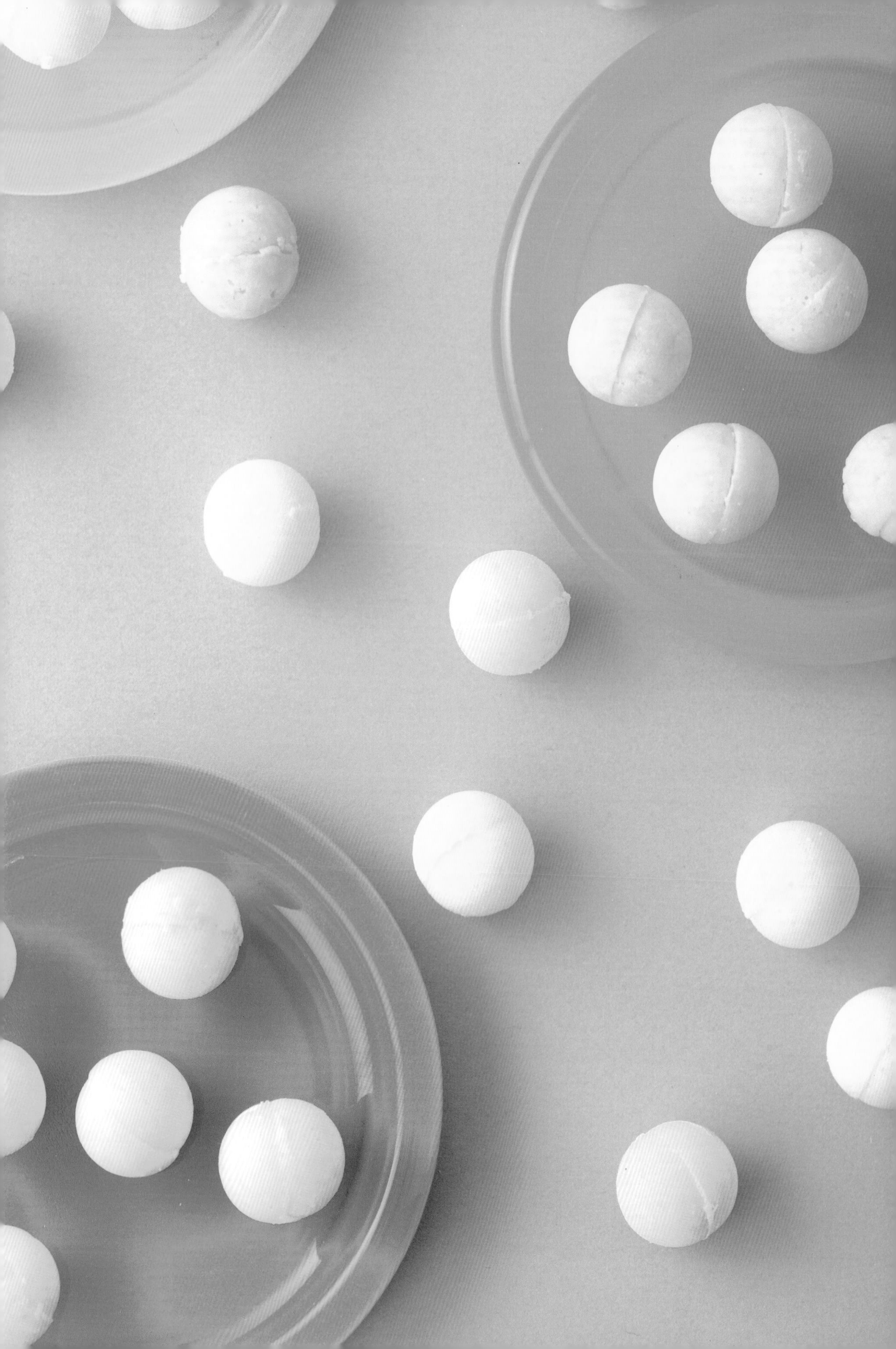

涼爽地 冒泡泡！

多彩的碳酸糖

一放進口中就會冒泡融化的碳酸糖，是長年以來一直受歡迎的經典點心。
其實，這個在家也能輕鬆地製作出來。
只要使用刨冰糖漿，就能簡單地增添顏色&風味！
就用喜歡的糖漿，來做做看彩色的碳酸糖吧♥

材料 [每種顏色的份量（直徑約 1.5cm，共 16～18 份）]

- ☐ 糖粉 a……50g
- ☐ 小蘇打粉（食用）b……1/3 小匙
- ☐ 檸檬酸（食用）c……1/4 小匙
- ☐ 喜歡的刨冰糖漿 d……1～1 又 1/2 小匙

（製作三種顏色的碳酸糖時，要準備三倍的材料喔！）

※ 照片中的碳酸糖使用了藍色夏威夷、檸檬和草莓口味。

器具

- ☐ 小的 1/4 圓形量匙（用來製作碳酸糖的形狀）a……2 支
- ☐ 大碗 b……1 個
- ☐ 方形或平坦的盤子 c……1 個

a

b

c

d

a

b

c

可以吃的實驗開始！

攪拌材料

1

將 50g 的糖粉、1/4 小匙的檸檬酸加入大碗中。

2

用指尖徹底攪拌均勻。

一點一點地
加入來觀察
狀態吧！

3

一點一點地加入 1 ～ 1 又 1/2 小匙的刨冰糖漿，並加以攪拌。

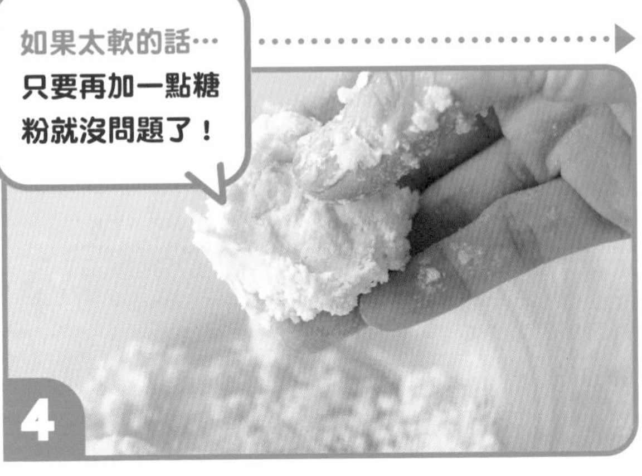
如果太軟的話…
只要再加一點糖
粉就沒問題了！

4

形成帶有顆粒的結塊，以用手指緊捏就能成塊為基準。

MEIDI-YA
ブルー

用糖漿的量來調整硬度

如果刨冰糖漿太少，就會不好成塊，不小心加太多的話，則會因為太軟太黏而不好從湯匙上取下。需要的量也會根據不同的季節或溼度改變，因此一開始就一點一點地加入來攪拌，並觀察狀態吧。

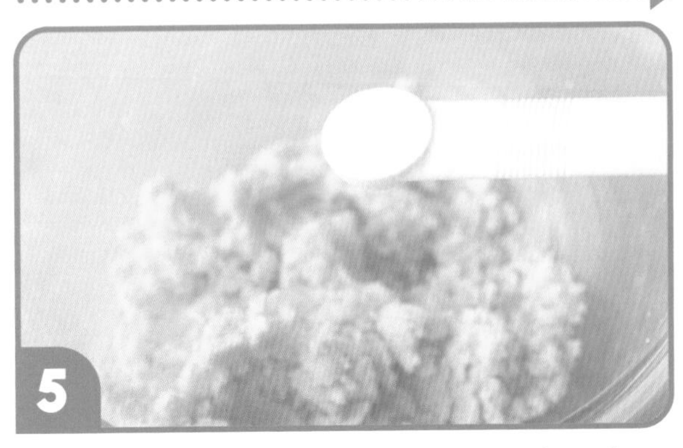

5

加入 1/3 小匙小蘇打粉，用指尖把全部混和均勻。

做成圓滾滾的形狀

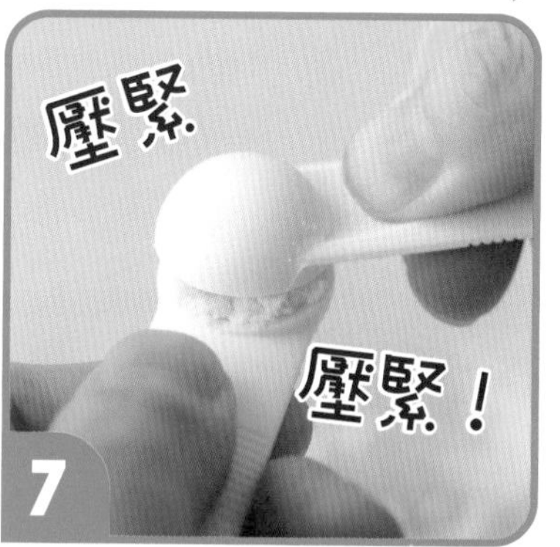

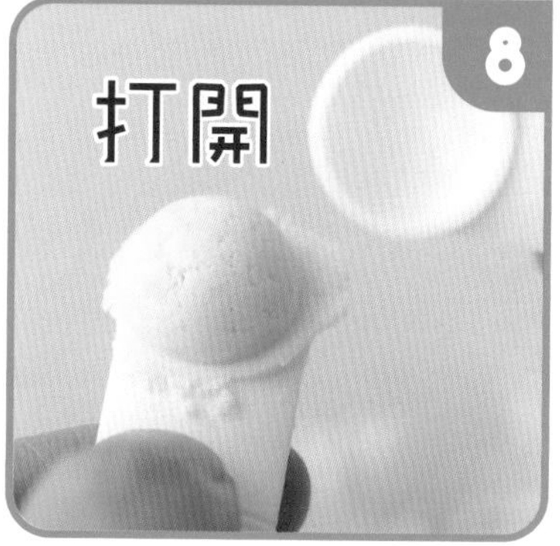

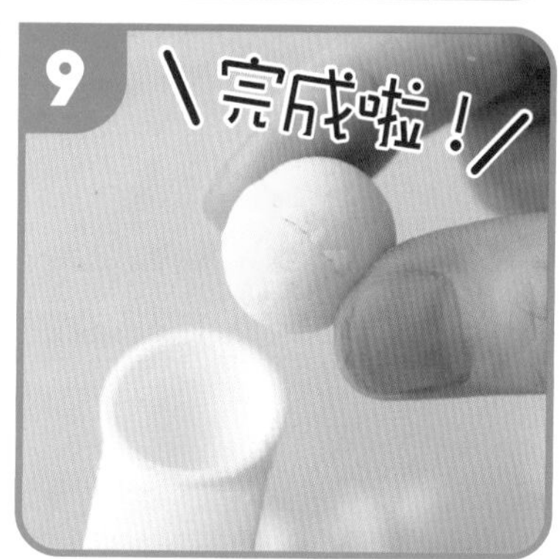

在兩支 1/4 小匙的圓形量匙中各自盛滿碳酸糖的原料，接著把兩支湯匙合起來壓緊。只要拿起上面的湯匙，再用手指溫柔地揉捏，就能取出碳酸糖了。就這樣反覆進行，直到把原料用完為止。

吃吃看，比較一下
剛做好與乾燥過後的
有什麼不同吧！

乾燥

把碳酸糖擺在方形盤或平坦的盤子上，
就這樣放著乾燥到明天。

10

剛做好的碳酸糖放入口中會有一種瞬間崩解的柔順感！可以強烈地感受到泡泡感喔。等確實乾燥過後，口感會變得酥脆，泡泡感會比剛做好的碳酸糖弱一點。

解謎

為什麼碳酸糖會在口中冒泡泡呢？

碳酸糖的主要原料是糖粉、小蘇打粉跟檸檬酸。其中負責產生泡泡感的，是小蘇打粉與檸檬酸。

小蘇打粉的別名是「碳酸氫鈉」。檸檬酸是檸檬中也含有的成分，舔起來很酸！具有強烈的酸性。小蘇打粉與檸檬酸在粉末的狀態時攪拌起來什麼也不會發生，不過只要在其中加水，就會激烈地冒出氣泡。泡泡的真相其實是二氧化碳。將水加進小蘇打粉和檸檬酸中，就會產生氣體的二氧化碳、水與檸檬酸鈉這些物質。

將碳酸糖放入口中會有冒泡泡的感覺，是因為碳酸糖中的「小蘇打粉＋檸檬酸」在口內的水中溶化後，反應產生了二氧化碳。此外，當小蘇打粉與檸檬酸產生反應時，會吸取周遭的熱量，引起溫度下降的現象。我們稱這種反應為「吸熱反應」。

當想要製做更涼爽的碳酸糖時，就試著把糖粉換成葡萄糖吧。葡萄糖溶解時也有吸取周遭熱量的性質。再加上小蘇打粉與檸檬酸反應，就能製作出涼爽的碳酸糖啦。

來試試看吧！ 迷你實驗

冒泡！冰涼！手會覺得涼涼的喔

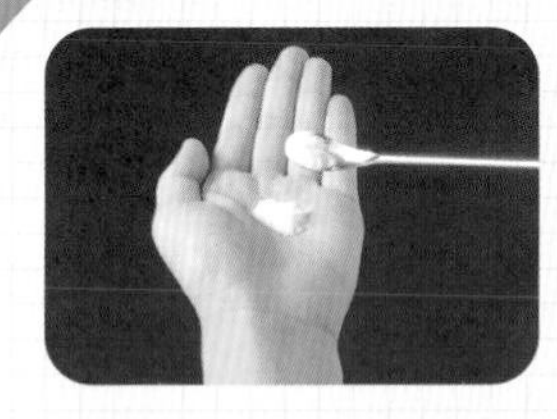

在手掌上分別放少量的小蘇打粉與檸檬酸，再用滴管加水試試看吧。泡泡馬上就會啵啵啵地出現，手掌也會立刻感覺涼涼的。這就是吸熱反應！手掌的熱被吸走了。

實驗中不要用手接觸臉部，實驗結束後就要馬上徹底洗手喔。

將小蘇打粉＋檸檬酸的神奇之處進一步實驗！

滿滿的泡泡！發泡入浴劑

使泡澡時間變快樂的發泡入浴劑，跟碳酸糖有相同的配方。把將小蘇打粉與檸檬酸混合作成塊狀的入浴劑後放入浴缸中，就會跟熱水起反應而冒泡泡！若用餅乾造型的模具代替塑膠杯來固型，便能做出各種形狀的入浴劑。此外，也推薦加入幾滴精油，就會變成有香味的入浴劑了！

【要準備的東西】●小蘇打粉……2 大匙　●檸檬酸……1 大匙　●消毒用酒精……少許
●滴管……1 支　●木筷……1 支　●塑膠杯……2 個

1 將小蘇打粉與檸檬酸加入杯中攪拌。

2 用滴管加入 2 ～ 3 滴酒精。

3 用木筷繞圈攪拌。

4 等變潮溼之後蓋上空的塑膠杯，用力往下壓。

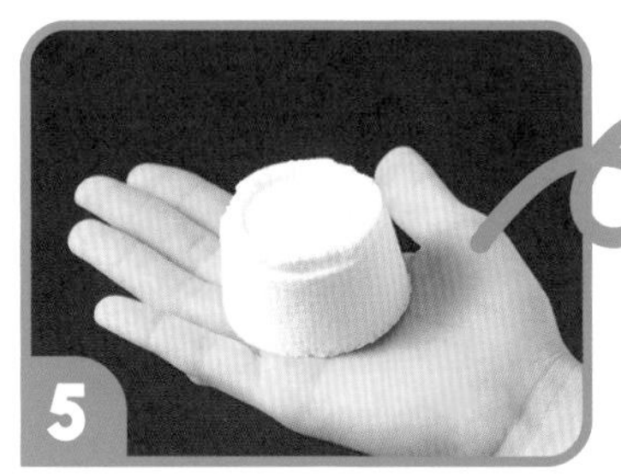

5 放 2 ～ 3 小時凝固後，從杯中取出。

冒泡！
據說二氧化碳
有保溫的效果喔！
哇～
好舒服～！

注意不要加太多消毒用酒精！

酒精是為了讓小蘇打粉與檸檬酸更容易凝固而加的。如果加太多，反而會不好凝固，還請注意。手工的發泡入浴劑在放入浴缸的瞬間會冒出非常多的泡泡，然後泡泡開始變少。所以放進入浴劑後就立刻來泡澡吧♪

碰碰爆裂！奶油起司 風味爆米花

說到最適合電影院或是遊樂園這些快樂場所的點心，那就是爆米花了！
光只是看爆米花不停地爆裂，心情都會變好呢。
好想要大口吃剛出爐又熱騰騰的奶油起司口味，
還想品嘗放涼後會有酥脆口感的巧克力這兩種口味♪

材料［容易製作的分量］

- ☐ 乾燥玉米（爆米花用）a……50g
- ☐ 沙拉油 b……1 大匙
- ☐ 鹽 c……1/4 小匙
- ☐ 板塊巧克力 d……1 片
- ☐ 可可粉（無糖）e……2 大匙
- ☐ 奶油 f……10g
- ☐ 粉狀起司 g……1 大匙

器具

- ☐ 深的平底鍋（直徑 24 ～ 26cm，有鍋蓋的）a……1 個
- ☐ 大的耐熱碗 b……1 個
- ☐ 橡膠刮刀 c……2 支
- ☐ 方形盤或大的盤子 d……2 個
- ☐ 烘焙紙 e……適量

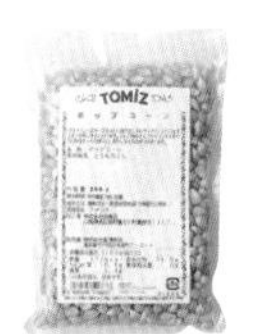
a

b

c

d

e

f

g

a b c d e

可以吃的實驗開始！

做爆米花

在平底鍋中加入 50g 的乾燥玉米與 1 大匙沙拉油、1/4 小匙的鹽巴，大致攪拌。

雖然很在意裡面的狀況，但絕對不能打開鍋蓋！
碰！！
碰！！
2

蓋上鍋蓋，開中火，只要有一個玉米開始爆裂，就要拿起平底鍋邊搖晃邊加熱。為了不要燒焦，不時要把平底鍋從火源拿開來搖晃喔！

等沒有爆裂聲以後就關火。

倒入方形盤中。

如果有爆剩下的⋯⋯
就算有爆剩下的也沒關係！蓋上鍋蓋，用弱的中火來加熱以免燒焦吧。

讓玉米順利爆開的祕訣在於平底鍋的大小與溫度

如果平底鍋太小，就不能將熱均勻地傳到爆米花上，會出現爆剩下的爆米花喔。確實地用高溫不斷加熱也非常重要！將火侯保持在中火，搖晃平底鍋，就能避免燒焦。

不可以調弱火勢喔。

來做巧克力口味

5

在耐熱碗中放入一片板塊巧克力並折成一塊塊，再使用微波爐加熱 50 秒～1 分鐘。等融化一半左右後，用橡膠刮刀攪拌，使巧克力完全融化。

6

加入第 **4** 步驟中一半的爆米花，全部攪拌。

7

撒入 2 大匙可可粉，迅速攪拌均勻。

8

把爆米花放在鋪了烘焙紙的方形盤上，冰入冷藏室 10 分鐘左右冷卻。

來做奶油起司口味

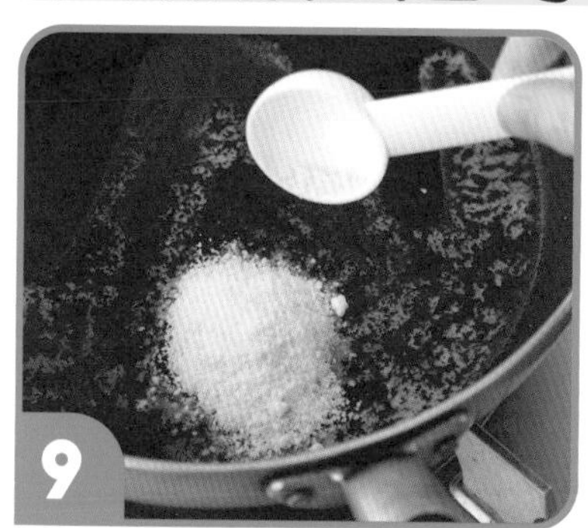

9

在第 **1** 步驟的平底鍋中加入 10g 的奶油，開中火使其融化，再加入 1 大匙的粉狀起司，加以攪拌後關火。

10

加入剩下的爆米花，迅速攪拌均勻。

11

把爆米花放在鋪了烘焙紙的方形盤上。

解謎

爆米花為什麼會碰碰！地爆裂呢？

即便加熱生玉米，也不會變成爆米花對吧？那麼，試著等乾燥後再炒呢？縱使慢慢炒也完全不會爆開，最後變成焦黑一片。

其實，能夠做成爆米花的，只有「爆裂種」這種專門的種類而已。其中的祕密，只要把玉米粒切開就能理解了。和熟悉的烤玉米用的甜玉米相比較後，就會很明顯發現不同了！爆米花用的玉米，胚與柔軟的澱粉質被一層厚厚、堅硬的澱粉包住。甜玉米則因為軟質澱粉層比較厚，才會又甜又好吃。

將爆米花用的爆裂種玉米加熱後，軟質澱粉中的水分也會跟著被加熱變成水蒸氣。水蒸氣眼睛是看不見的，而且水蒸氣的體積比液體大很多，甚至會高達 1700 倍。然而，硬質澱粉層成了牆壁，水蒸氣便跑不出去了。想膨脹的水蒸氣只好在內部擠來擠去，等到堅硬的澱粉質承受不住後，就會啪！地一口氣向外爆裂。若觀察爆米花爆裂的樣子，就會發現平底鍋的鍋蓋上會附著密密麻麻的水滴。這就是爆米花爆裂時噴出的水蒸氣冷卻後所形成的。我們也能從這一點知道，原來是水蒸氣的力量引發爆裂的呢。

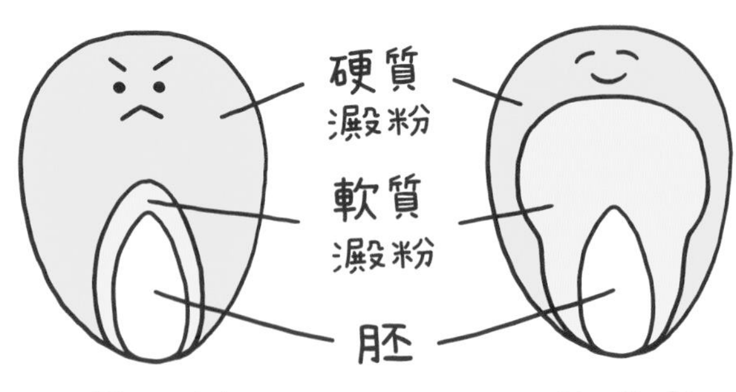

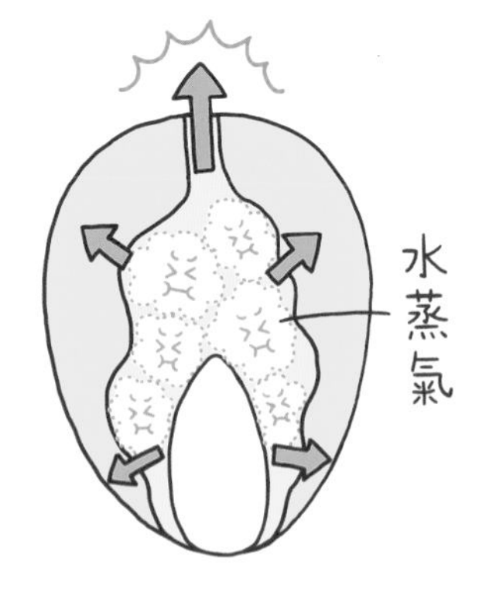

軟質澱粉層中的水分會變成水蒸氣膨脹，從爆米花的內側推擠！由於爆米花在爆裂時水蒸氣會一口氣噴發出去，重量會比調理之前還要輕。

來調查看看吧！

水蒸氣是什麼呢？

變成氣體的水就是水蒸氣！眼睛是看不見水蒸氣的。

水冷卻後會成為固體的冰，加熱後則變成氣體的水蒸氣。水蒸氣是無色且透明的，眼睛看不見。若在晴天的日子晒衣服，在收衣服時便會感到很乾爽對吧？這是因為原本衣物中的水分變成水蒸氣跑到空氣裡了。那麼，燒水時看到的熱氣呢？其實，熱氣是水蒸氣冷卻下來後變回水分的產物。白色且看得見的熱氣，原來是液體呢。

來調查看看吧！

火山爆發跟爆米花是相同原理！

水蒸氣的力量連火山那麼厚的岩盤也能噴飛！

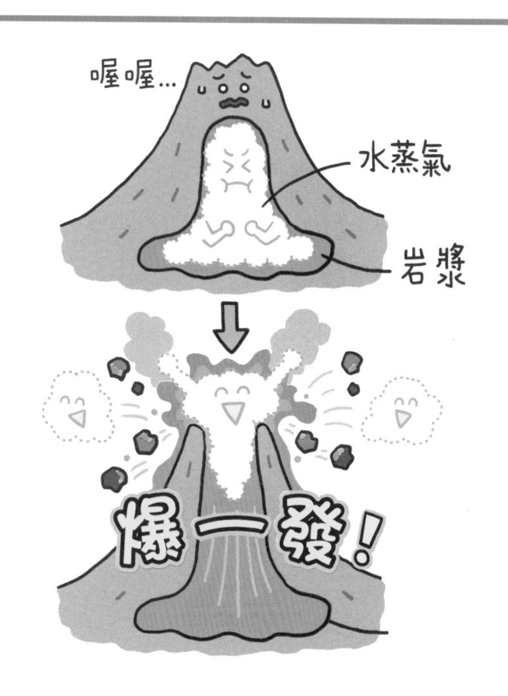

日本有許多火山。就連日本第一高山富士山，也是至今還在活動的活火山之一喔。火山爆發有幾種，其中一種稱為「蒸氣噴發」，是由跟爆米花爆裂相同原理所引起的。當地下水因地底岩漿的熱而沸騰後，火山內部就會產生大量的水蒸氣。當水蒸氣的壓力太高，便會突破堅硬的岩盤，將岩石與火山灰連同水蒸氣全部噴發出來。

用一次的實驗
體驗兩次的美味！

發泡水果＆水果蘇打水

只是在密封袋裡裝入蘇打水和喜歡的水果，再放入冷藏室冷藏！
拿出來時，水果就會變成發泡的微碳酸狀態。
叉上竹籤則變成夜市攤販風格！切碎後加進蘇打水裡，
適合派對的氛圍飲料就完成啦★

材料［容易製作的分量］

- ☐ 喜歡的水果（草莓、葡萄、奇異果、鳳梨等）ⓐ……適量
- ☐ 蘇打水ⓑ……250mL 以上

器具

- ☐ 有封口的密封袋（M 號）ⓐ……2 個
- ☐ 竹籤ⓑ……2 ～ 3 支
- ☐ 菜刀ⓒ……1 把
- ☐ 砧板ⓓ……1 個

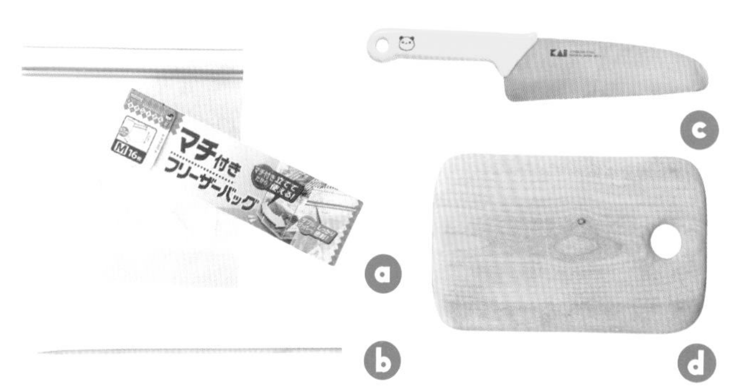

可以吃的實驗開始！

準備水果

將水果洗乾淨後，取出草莓蒂頭，用竹籤噗嗤噗嗤地在葡萄上戳 5 ～ 6 個洞。

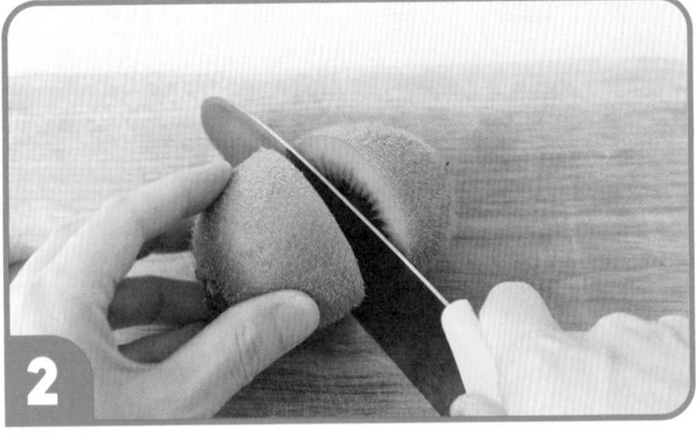

把奇異果對半切開。奇異果在削皮後碰到水分會變得糊糊的，所以將整個果皮浸到蘇打水裡就ＯＫ了！

浸泡

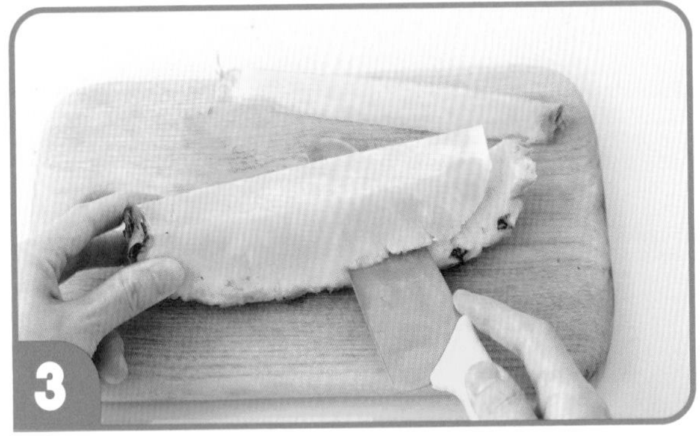

取下鳳梨的皮與心後，切成方便入口的大小。

將水果各自裝入密封袋中，倒入差不多能淹過水果的蘇打水。

在冷藏室
冰 4 ～ 5
個小時

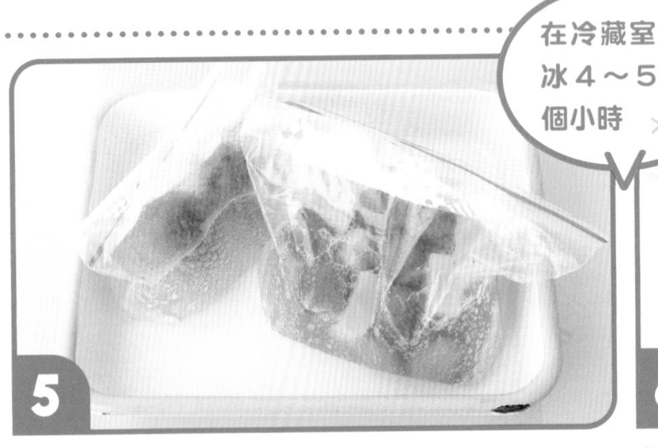

用手擠出袋中的空氣，封住袋口。

從袋中拿出水果，將奇異果削皮，像照片這樣插上竹籤。剩下的水果切成小塊後放入玻璃杯中，倒入蘇打水。

解謎

為什麼將水果泡在碳酸水中就會冒泡呢？

光只是把水果浸泡在蘇打水中，就能享受冒泡口感的「發泡水果」。好像蘇打水的碳酸也溶進了水果一樣呢。試著喝下袋中殘留的蘇打水後，會發現因為過了一些時間，蘇打水有點沒氣，不過甜度還是一樣。看來溶進蘇打水中的糖分並沒有移動，只有碳酸跑到水果中的樣子。

為什麼會這樣呢？其中的祕密，只要觀察水果或蔬菜等植物的細胞就能看出來了。植物的細胞有個特性，雖然水分會通過，但溶解於水中的砂糖或鹽分等顆粒並不會通過。不過，也並非無論何時水分都能自由流動。在這之中是有法則的，也就是「滲透壓」。當溶液裡有高、低不同種濃度的液體時，水分會從濃度高的地方往濃度低的地方移動，直到整個溶液的濃度都一樣。

我們回到發泡水果的做法吧。水果的外側是溶解砂糖和二氧化碳的蘇打水。而水果內部的水分比蘇打水少，反而有很多會讓我們覺得好吃的果糖。所以水果內側是「比較濃的」，碳酸水會通過細胞壁，進入到水果的內側。另一方面，溶解於蘇打水中的砂糖與水果中的果糖由於顆粒太大，無法通過細胞壁。結果，就形成了水果甜度不變，卻有著發泡口感的「發泡水果」了。

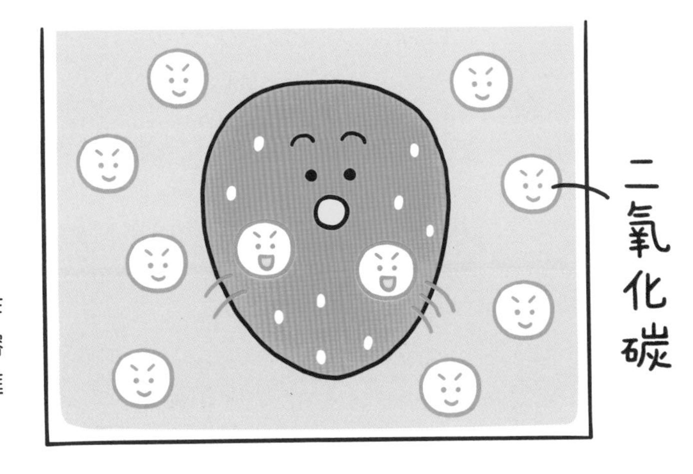

由於滲透壓的作用，二氧化碳溶解後的水分會進到水果中。

膨脹與爆裂的神奇之處
特別實驗

「輕輕飄浮的泡泡」篇

小泡泡閃閃發光的，真漂亮
但是馬上就掉到地上破掉了…
真難過
啪
啪
有沒有人想要讓泡泡不會掉下來的魔法盒啊～
魔法盒？
好可疑…
一般來說，若對著盒子上方吹泡泡，就會像這樣掉下來吧。
但是！只要豪爽地加入檸檬酸與小蘇打粉！
這算魔法嗎…？
是實驗呢。
再一口氣加入3L左右的水！來吧，會變成怎樣呢！！
變成怎樣……呃，會產生二氧化碳吧？
感覺博士好熱血喔…
有用碳酸糖做過實驗了！
沒錯！加入水後馬上就會產生許多泡泡，要趕快蓋上蓋子！
是二氧化碳！！

本以為會輕輕飛走的泡泡，
若是在沒有風的室內吹，
其實是會慢慢掉到地上的。
不過，只要在大箱子裡下點功夫，
就能讓泡泡飄在空中了。

要準備的東西

- 小蘇打粉……約 300g
- 檸檬酸……約 300g
- 水……約 3L
- 5L 的水桶……1 個
- 整理箱（高度約 30cm）……1 個
- 吹泡泡的套組……1 個

等沒有再冒出大泡泡以後就打開蓋子，從箱子的側邊吹泡泡…
於是!!
好漂亮♡不會掉下來！
沒有在箱子中的泡泡明明掉下來了!!
飄在中間耶!!
檸檬酸與小蘇打粉反應後所產生的二氧化碳比空氣重。雖然眼睛看不到，其實在這個箱子的底下堆滿了二氧化碳喔。
泡泡比空氣重，但比二氧化碳輕。
二氧化碳
這讓我想要拍起來～
因此泡泡不會掉到底部，而是輕輕地飄浮著啊。
啪嚓
啪嚓
原來如此!!

part 2

酸性&鹼性的神奇之處

像檸檬那樣帶酸味的東西是酸性，
舔了會有苦味的東西是鹼性。
正好介於酸性與鹼性之間的，則稱為中性。
來挑戰利用這個性質的三種甜點吧！

只要利用酸鹼的性質，不只是變色，還能溶解橘子白膜或雞蛋殼，甚至凝固牛奶等，可以做到各種有趣的事……

滔滔不絕

咦…奇怪？你們變成紫薯了！

好厲害！趕快去廚房做實驗吧！

Go! Go!

用身邊的這個與那個就能改變顏色!?

魔法的杯子蛋糕

紫色、紫紅色、藍紫色。
用可愛夢幻顏色裝飾的杯子蛋糕一應俱全♥
其實這三種顏色，都是紫薯粉的顏色。
只是加入一點點牛奶、檸檬汁和蛋白，就能變成這種顏色，
這個祕密到底是什麼呢？

材料 [8 個份]

- ☐ 杯子蛋糕（市售）ⓐ……8 個

糖霜

白 ▸
- ☐ 糖粉ⓑ…2 大匙
- ☐ 牛奶ⓒ…1 小匙

紫 ▸
- ☐ 糖粉ⓑ…2 大匙
- ☐ 紫薯粉ⓓ…1/4 小匙
- ☐ 牛奶ⓒ…1 小匙

紫紅 ▸
- ☐ 糖粉ⓑ…2 大匙
- ☐ 紫薯粉ⓓ…1/4 小匙
- ☐ 檸檬汁ⓔ…1 又 1/2 小匙

藍紫 ▸
- ☐ 糖粉ⓑ…2 大匙
- ☐ 紫薯粉ⓓ…1/4 小匙
- ☐ 蛋白ⓕ…1 又 1/2 小匙

器具

- ☐ 小容器ⓐ……4 個
- ☐ 小湯匙（前端尖尖的那種）ⓑ……4 支
- ☐ 烘焙紙（15×15cm）ⓒ……4 張

可以吃的實驗開始！

準備

在四個小容器中各裝入 2 大匙的糖粉，其中三個各加入 1/4 小匙的紫薯粉後加以攪拌。

製作白色糖霜

在只裝了糖粉的容器中加入 1 小匙牛奶。

製作紫色糖霜

充分攪拌後……
3
變成紫色了！

在放入糖粉與紫薯粉的容器中一點一點地加入 1 小匙牛奶並同時攪拌。

製作紫紅色糖霜

充分攪拌後……
4
變成紫紅色了！

在放入其他紫薯粉的容器中一點一點地加入 1 又 1/2 小匙的檸檬汁並同時攪拌。

製作藍紫色糖霜

充分攪拌後……
5
變成藍紫色了！

在最後一個放入紫薯粉的容器中一點一點地加入 1 又 1/2 小匙的蛋白並同時攪拌。

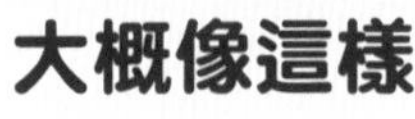

硬度的標準 大概像這樣

在糖粉中加入牛奶或檸檬汁等液體時，重點在於要一點一點地加入並攪拌！用湯匙挖起來的時候，稍微有些凝固，慢慢呈現緞帶狀滴落的硬度就可以了。如果太稀，可以再加入一點糖粉，如果太硬，則可加入 1 ～ 2 滴液體來調整軟硬度。

裝飾

用前端尖尖的小湯匙挖起喜歡顏色的糖霜，朝杯子蛋糕的中心厚厚地滴下，就會因為重量而擴散至整個表面。

將其他顏色的糖霜裝入圓錐紙中，畫出喜歡的圖案，就這樣放 2 ～ 3 小時讓其凝固。

完成啦！

用糖霜妝點♥

當想要畫複雜圖案時！

圓錐紙的作法

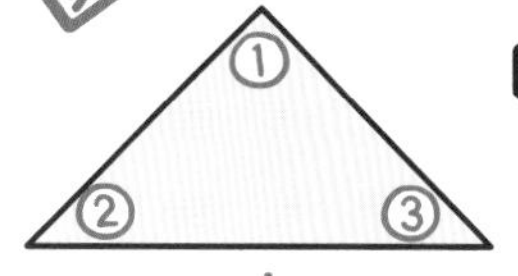

1 將正方形的烘焙紙沿著對角線剪下，得到等邊三角形。

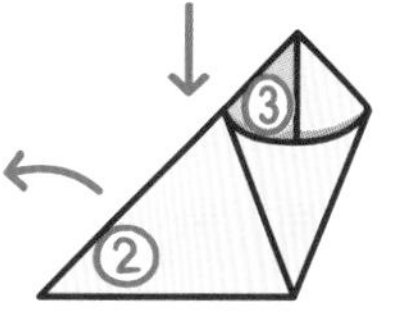

完成！

2 將角①與角③從內側往自己的方向重疊捲起來，再用手壓一下。

3 將角②往自己的方向朝角①後方捲起來，上方往內摺。加入糖霜後，剪掉尖端。

如果想要手作杯子蛋糕的話……

材料 [直徑 6.5× 高度 4cm 的馬芬型 8 個份]

- 奶油（不添加食鹽，接近室溫的溫度）……120g
- 砂糖……100g
- 蛋……2 顆
- A 低筋麵粉……140g
  可可粉……20g
  發酵粉……1 小匙
- 牛奶……4 大匙

※ 使用烤箱時一定要跟家裡的大人一同使用！

1 在碗中加入奶油，再用打奶泡器將奶油打發至乳霜狀。加入砂糖後攪拌均勻。

2 依序加入雞蛋，每加入時就充分攪拌一次。

3 將攪拌好的 A 過篩 1/3，用橡膠刮刀大致攪拌，攪拌至還能看見一些粉的狀態後，再加入 1/3 量的牛奶進行攪拌。A 與牛奶剩下的量也一樣，要分成兩次攪拌均勻。

4 在馬芬形狀的模具中放入烘焙紙，將 3 均等地放入其中，並將表面輕輕鋪平，用預熱 180 度的烤箱烤 25 分鐘，取出後放涼。最後從模型中取出，讓其徹底冷卻。

為什麼用紫薯粉能做出三色糖霜呢？

普通的番薯剝皮後會呈現淺黃色或白色，但紫薯即使切開來，直到中心都會是深紫色的。這個顏色是來自一種名為花青素的色素。花青素具有在中性時會呈現紫色，不過鹼性時就會變成藍或綠色，酸性時就會變成紅色的這種性質。

在〈魔法的杯子蛋糕〉中，就是利用花青素會改變顏色的性質，將糖霜做成了三種顏色。根據顏色的變化，就能了解跟紫薯粉攪拌在一起的物體性質。變成紫紅色的檸檬汁是酸性，變成藍紫色的蛋白是鹼性，不會變色的牛奶則是中性。

同樣地，為了要分辨酸性與鹼性，我們會使用的東西有「石蕊試紙」，紅色的石蕊試紙變成藍色就是鹼性，藍色的石蕊試紙變成紅色就是酸性。花青素跟在實驗中使用的石蕊試紙功能相同呢。不過，使用石蕊試紙時只能夠確認是酸性還是鹼性，花青素卻能透過色調來調查出酸性與鹼性的強弱程度，是它的一大特徵。

還有其他含有花青素的蔬菜與水果。譬如茄子的皮、紫高麗菜、紅洋蔥、藍莓、葡萄皮的顏色，也是因為裡面有花青素。試著把紫高麗菜與紅洋蔥切碎後加入醋攪拌看看吧！會染上漂亮的紅色喔。這也是花青素的變色效果！由於醋是酸性，顏色才會改變。此外，在美式鬆餅粉中加入藍莓果醬後拿去烤，就會變成有點神祕的綠色鬆餅了。會變色的原因，在於為了使鬆餅膨脹所加入的發酵粉（小蘇打粉）是鹼性的。

梅干的紅色也是利用了紫蘇葉中的花青素變色效果喔。

將顏色會改變的神奇之處進一步實驗！

注意水的顏色！魔法之水

用由紫高麗菜製作而成的「花青素液」，來體驗根據酸性與鹼性會馬上變色的神奇之處吧。建議也可以把加進花青素液裡的物體替換成檸檬汁或肥皂水試試。能夠知道身邊物品的「酸鹼性」喔。

【要準備的東西】●紫高麗菜……1/4 個　●熱水……適量　●蚊蟲叮咬藥（有含阿摩尼亞的）……1 小匙　●小蘇打水（將 1 小匙的小蘇打粉溶解至 100mL 的水中）……1 小匙　●醋……1 小匙　●碗……2 個　●篩子……1 個　●塑膠杯……4 個　●勺子……1 支

將紫高麗菜的葉子剝下放入碗中，浸泡熱水。

等熱水冷卻後，用篩子過濾到四個塑膠杯中。

在第一個塑膠杯中加入含阿摩尼亞的蚊蟲藥，加以攪拌後會變成綠色。

在 **2** 的第二個杯子中加入小蘇打水後攪拌，就會變成藍色！

在 **2** 的第三個杯子中加入醋後攪拌，就會變成紅色。

依次排開來看……

等製作完色素水後馬上實驗！

紫高麗菜的色素水無法持久。成功的祕訣在於，等做出色素水後要盡快進行實驗。蚊蟲藥中含有的阿摩尼亞帶有刺激性的臭味，請注意不要直接聞喔。

明明沒有剝，卻沒有白膜！？

90 分鐘

完整橘子果凍

完整的橘子，就包在充滿彈性又柔軟的果凍中。
仔細一看，橘子上乾淨到沒有一條白膜。
難道有不必破壞橘子的形狀，只去除白膜的方法嗎？
來做充滿果汁的多汁果凍神奇實驗吧！

材料 [直徑 8× 高度 5cm 左右的茶杯 3 個份]

- ☐ 橘子（小的）a……3 個
- ☐ 吉利丁粉 b……5g
- A
  - ☐ 砂糖 c……1 大匙
  - ☐ 水 d……200mL
- ☐ 蜂蜜 e……2 大匙
- ☐ 檸檬汁 f……1/2 大匙
- ☐ 小蘇打粉（食用）g……1 小匙
- ☐ 水 d……500mL
- ☐ 薄荷（生）……依個人喜好

器具

- ☐ 小容器 a……1 個
- ☐ 竹籤 b……1 支
- ☐ 小鍋子 c……2 個
- ☐ 橡膠刮刀 d……1 支
- ☐ 茶杯（可以放入橘子的尺寸）e……3 個
- ☐ 碗 f……1 個
- ☐ 廚房紙巾 g……適量
- ☐ 長勺，或是湯勺 h……1 支
- ☐ 抹布 i……1 條

a b c d e f g

a b c d e f g h i

可以吃的實驗開始！

製作果凍液

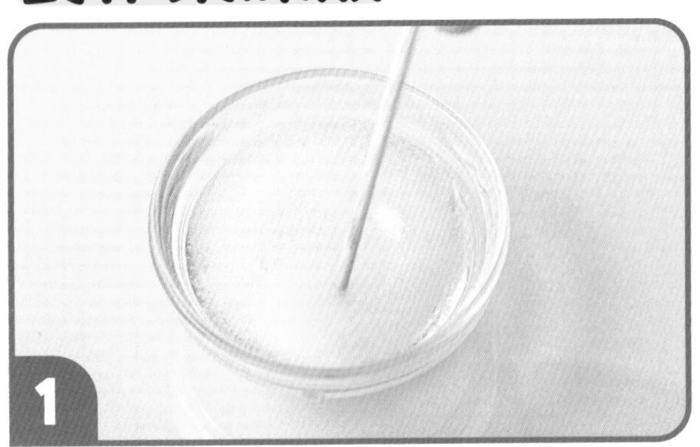

1 從 A 的 200mL 水中取 2 大匙放入小容器中，加入 5g 的吉利丁粉後用竹籤攪拌，放 5 分鐘以上使其膨脹。

2 在鍋子中加入 A 的水 50mL，並放入 1 大匙的砂糖後開中火，用橡膠刮刀攪拌至溶化。煮到冒泡就關火，再加入 2 大湯匙的蜂蜜後加以攪拌。

3 加入 **1** 的吉利丁，並讓其完全溶解。

4 加入 A 剩下的水與 1/2 大匙的檸檬汁，攪拌均勻。

5 在茶杯中各加入 1 大匙的 **4** 後，放到冷藏室冷藏、凝固。

準備橘子

6 去除三個橘子的外皮，白色條狀的部分也要仔細地去除。

溶解白膜

在鍋子中加入 500mL 的水並加以沸騰後，加入 1 小匙的小蘇打粉。

放入橘子，用弱火加熱 2 分鐘。

用長勺將橘子盛起來後用水沖洗，再用廚房紙巾擦乾水分。

要溫柔地洗喔！

用水沖洗，把橘子上的小蘇打粉洗乾淨吧。如果有小蘇打粉殘留，就會連每片橘子之間的皮都溶解，整個散開來。此外，由於小蘇打粉帶有苦味，要是沒有仔細沖乾淨，就會變成苦果凍囉。

將橘子依序加入 **5** 的茶杯中，並平均倒入剩下的 **4**。

將用水浸溼擰乾後的抹布放到微波爐加熱 1 分鐘左右，再包住茶杯 10 ～ 20 秒。為了讓空氣進入果凍與茶杯間的縫隙，要用手指輕壓，反過來放在盤子上，搖晃幾次馬上就會掉出來了。

完成啦！

解謎

為什麼橘子上的白膜會溶解消失呢？

若用溶解了小蘇打粉的熱水煮橘子，只要數分鐘，橘子的白膜就會消失。其重點在於「小蘇打粉」與「加熱」。橘子白膜中的「纖維素」與「果膠」成分具有在鹼性溶液中加熱後會分解的特性。小蘇打粉是一種名為碳酸氫鈉的鹼性物質。因此用小蘇打水來煮橘子，橘子白膜中的白色部分就會分解，即使不用手，也能夠輕易去除白膜。鍋子中的熱水會變成淡橘色並不是因為橘子的果汁，而是白膜的白色部分溶解在熱水中了。

不過，如果用小蘇打水煮過頭，就不是只有表面白膜，而是連橘子的小顆粒都會一粒一粒散開，必須相當留意。用計時器計時，煮的時間就是剛剛好 2 分鐘！為了不要讓橘子碎掉，請溫柔地用勺子將橘子撈起來吧。此時就算看到橘子上還有白色的皮也沒關係，只要用水清洗，就能輕鬆地去除掉皮，變成完全乾淨的橘子。

用水清洗煮好的橘子並不是只為了沖走白膜，其實真正的目的在於確實洗淨小蘇打水。如果就這樣讓小蘇打水附著在橘子上，果膠就會逐漸溶解，本來預計要做的整顆橘子可能就變成散橘子了。此外，鹼性的小蘇打粉具有苦味。為了做出好吃的果凍，別忘了要把小蘇打粉洗乾淨喔！

溶解橘子白膜的方法其實也會應用在「罐頭橘子」上。在工廠，人們會先把片片分明的橘子浸泡在將鹽酸極致稀釋後的酸性水溶液裡，接著再浸泡在溶解了氫氧化鈉的鹼性水溶液裡，最後才泡在水裡，去除白膜。由於鹽酸與氫氧化鈉都是極少量，而且有確實地用水洗淨，才不會殘留在橘子上。

將溶解的神奇之處進一步實驗！

溶解外殼，只留下內容物！

Q 彈蛋＆噴水蛋

只要將蛋泡在醋中，堅硬的外殼就會溶解消失，形成被薄膜包覆的「Q 彈蛋」。那柔軟好摸的觸感，就像水球一樣。用手拿既不會破掉，還可以看到裡面透出的蛋黃，實在很神奇。如果泡在水裡會膨脹地更大，成為只要用針一扎就會噴水的「噴水蛋」。

【要準備的東西】●蛋……1 顆　●醋……適量　●能放蛋的玻璃容器……1 個　●縫衣針……1 根

1 把蛋放到容器中，注入差不多能浸泡蛋的醋。細小的泡泡會從蛋殼中冒出來喔！

2 放置一天，等蛋不太會冒泡後，就倒掉醋，換新的醋並再放置一天。

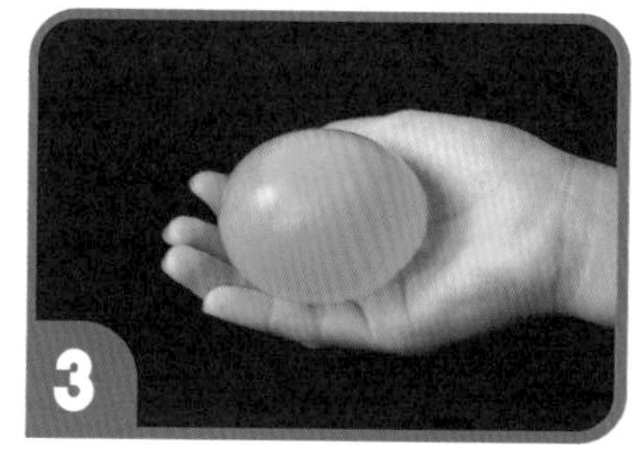

3 用水洗。用手指輕輕擦掉蛋殼溶解剩餘的部分，就會一片片剝落喔。

4 仔細清洗容器，放入 Q 彈蛋後加水，再放置一天。

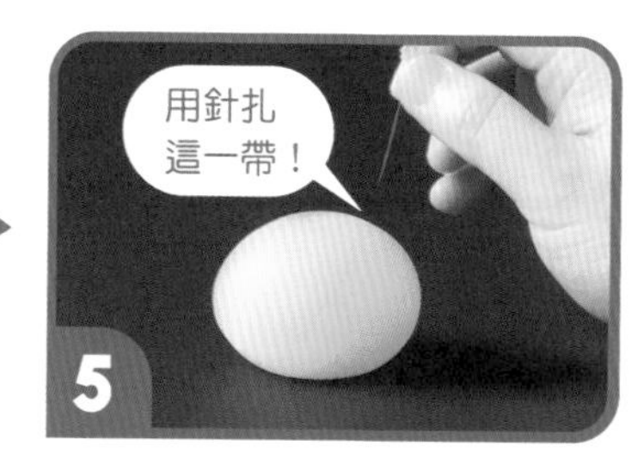

5 用針一扎，就會在保持蛋形狀的情況下噴出水來。

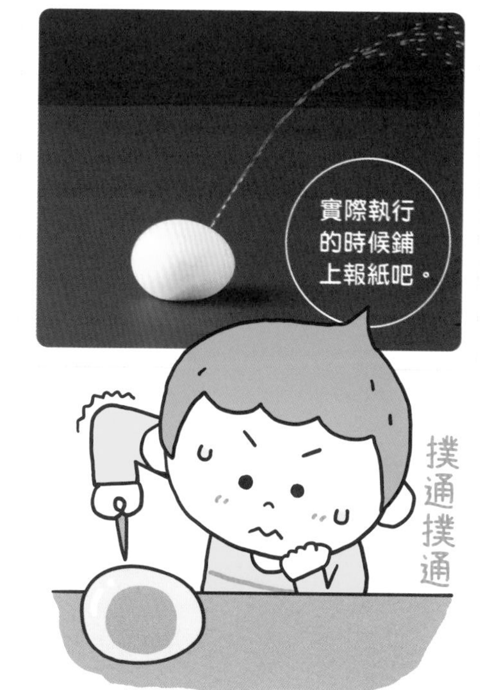

實際執行
的時候鋪
上報紙吧。
撲通撲通

醋的醋酸會分解蛋的蛋殼

從蛋的蛋殼中冒出來的細小泡泡，真相是二氧化碳。醋中的醋酸會跟蛋殼中的成分結合產生二氧化碳，溶解蛋殼。噴水蛋是成功機率七成左右的實驗。建議同時用 2～3 顆蛋做實驗。

用「酸」的力量自行分層！

草莓牛奶布丁

在鮮紅的果凍上鋪著軟綿綿牛奶布丁的涼爽點心。
這兩層並不是分別做好疊上去的，而是原本就是一個果凍液！
掌握神奇關鍵的，是草莓中含有的「酸」。
酸與牛奶中的成分結合後會發生什麼事呢？

材料 ［容量 140mL 左右的容器 3 個份］

- ☐ 冷凍草莓 a ……150g
- ☐ 水 b ……150mL
- ☐ 砂糖 c ……6 大匙
- ☐ 檸檬汁 d ……1 小匙
- ☐ 吉利丁粉 e ……5g
- ☐ 鮮奶油 f ……50mL

a

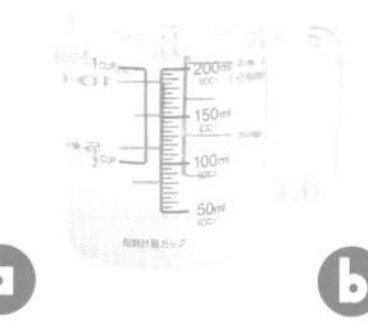

b

c

d

e

f

器具

- ☐ 砧板＆菜刀 a ……各 1 個
- ☐ 小容器 b ……1 個
- ☐ 竹籤 c ……1 支
- ☐ 小鍋子 d ……1 個
- ☐ 橡膠刮刀 e ……1 支
- ☐ 容量 140mL 左右的透明杯子 f ……3 個
- ☐ 長勺，或是湯勺 g ……1 支

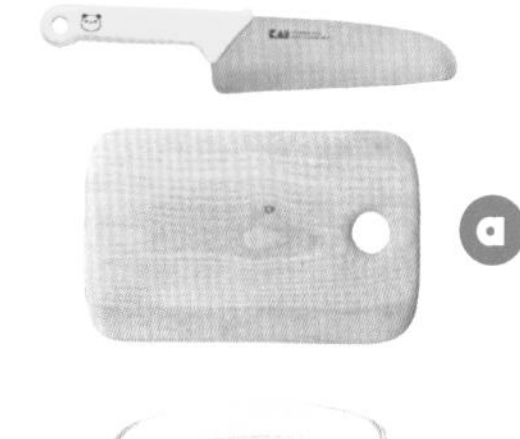

a

d

e

b

c

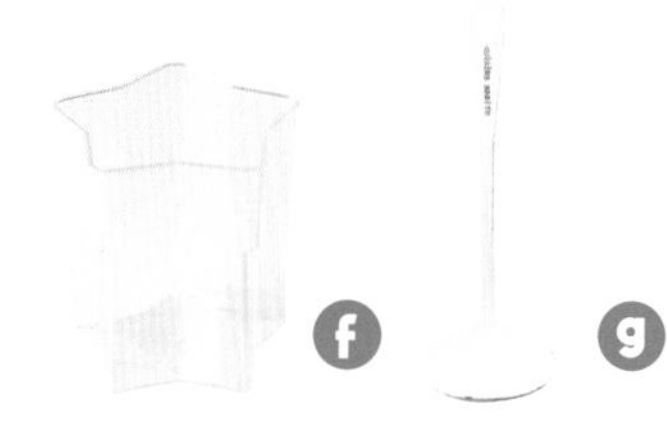

f

g

製作果凍液

將 150g 的草莓切成 1cm 的丁狀。

從材料 150mL 的水中舀 2 大匙的水放入小容器中，加入 5g 的吉利丁粉後用竹籤攪拌，放置 5 分鐘以上使其膨脹。

在鍋中加入草莓、6 大匙的砂糖與剩下的水後開中火，等沸騰後轉小火煮 1 ～ 2 分鐘，加入 1 小匙檸檬汁加以攪拌。

關火後加入 **2** 的吉利丁，攪拌至完全溶解。

趁 **4** 還熱的時候加入 50mL 的鮮奶油，大力攪拌 2 ～ 3 次。

把草莓果凍液與鮮奶油混和在一起的溫度是重點！

為了能讓草莓牛奶布丁「自行分層」，趁果凍液還熱的時候與鮮奶油攪拌在一起相當重要。等吉利丁溶解後，就要馬上加入鮮奶油！

注入

6

用長勺把 **5** 平均注入透明杯子中。

觀察一下後……

白色牛奶布丁層與紅色草莓果凍層分開了！

7

注入後馬上冷卻就不會分成兩層喔

如果在注入後馬上就放入冷藏室，溫度會驟降導致吉利丁開始凝固。假使在分成兩層之前就凝固了，之後無論放多久都不會分成兩層喔。

冷卻

在冷藏室冷藏 1 小時以上就完成了。

解謎

為什麼牛奶布丁與草莓果凍會分開呢？

只要觀察注入杯中的果凍液，就會發現在觀察的過程中果凍會逐漸分成兩層。完成品簡直就像分別製作完草莓果凍與牛奶布丁後再疊起來一般。上面的白色那層有著柔軟的口感，下面的紅色那層則是充滿彈性的果凍。外觀自然不必說，連口感與味道都不同的一道甜點就這樣完成了。

會分為兩層的原因，在於牛奶與鮮奶油中含有「酪蛋白」這個成分。純白的牛奶與鮮奶油其實幾乎都是水分。之所以看起來是白色，原因在於脂肪與蛋白質在水中變成很多小顆粒，分散漂浮在水中。酪蛋白是一種漂浮於牛奶中的蛋白質，並有著只要加入酸，小顆粒就會緊緊聚集在一起的性質。這個神奇的甜點就是利用了此性質。加入了許多酸甜草莓的果凍液，會因為草莓中的檸檬酸溶解出來而變成酸性。只要一口氣把鮮奶油加進去再輕輕攪拌，酪蛋白就會開始慢慢地凝聚結塊。由於酪蛋白的團塊比吉利丁或砂糖溶解後的果凍液還要輕，就會浮到上層，導致完整地分為兩層。

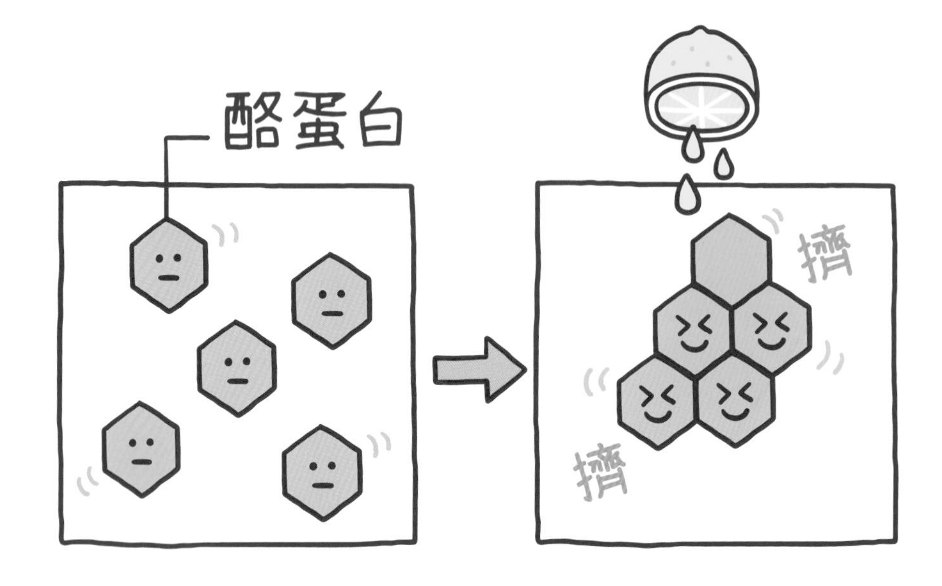

來調查看看吧！

牛奶＋酸就能簡單地做出起司！

收集牛奶的酪蛋白，就能做出具有清爽酸味的茅屋起司。

在鍋中加入 250mL 的牛奶，並加熱至 60 度左右。等開始冒出小泡泡後關火，加入 1 大匙檸檬汁或是醋，迅速攪拌。由於馬上就會開始凝固結塊，就先把鋪好了廚房紙巾的篩子放到碗上，然後過篩吧。等水分瀝乾後，酸味恰到好處的茅屋起司就完成了！白色起司是酪蛋白凝固而成的，沒有因為酸而凝固的蛋白質等則會溶於滴進碗裡面的水中。

還沒好嗎
還沒好嗎…

來調查看看吧！

酪蛋白也能成為塑膠的原料！？

能回歸大地，受到眾人注目對地球友善的塑膠。

從牛奶中取出的酪蛋白只要乾燥過後，就會變身成為硬梆梆的塑膠。跟茅屋起司相同，在溫牛奶中加入檸檬汁後確實地把水分瀝乾，再放入矽膠杯中就準備完畢啦！接下來就是放在通風處等晒乾，手工塑膠就完成了。由牛奶做成的塑膠只要埋進土裡面，便會成為細菌等微生物的食物，加以分解。這比從石油中生成的塑膠對環境更友善，因此被用在許多產品上。

生物可分解塑膠
微生物
不久後會
回歸土裡
對地球
很友善

酸性＆鹼性的神奇之處 特別實驗

「彷彿邪惡科學組織所做的奇怪液體」篇

※ 接觸乾冰時一定要戴上棉布手套。

請大人來拿取乾冰跟廁所清潔劑，
絕對不能徒手去碰。
如果手沾到清潔劑，
要馬上用水仔細清洗喔。

要準備的東西

●紫薯食用色素……約挖耳勺 1 勺的量　●水……適量　●塑膠杯……1 個　●攪拌棒……1 支　●乾冰（邊長 3cm）……1 個　●蚊蟲叮咬藥（有含阿摩尼亞的）……少許　●棉布手套……1 組　●滴管……1 支　●廁所酸性清潔劑……少量

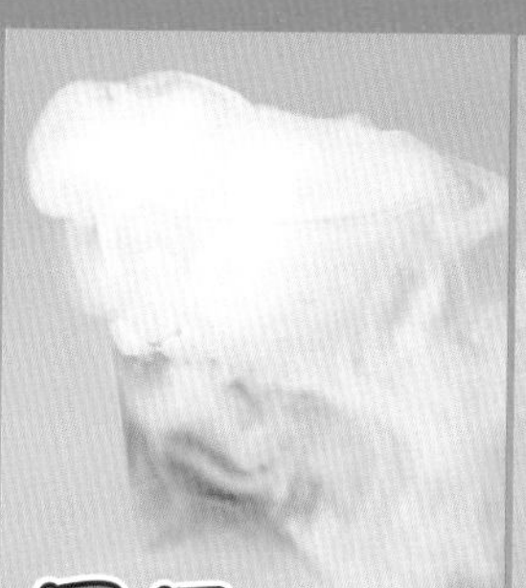

冒泡冒泡
冒煙冒煙
變成紫紅色了！
一瞬間就變色了！
好像是邪惡科學組織做出來的，好棒！
好厲害!!
拍手拍手

在裡面滴入蚊蟲叮咬藥後，一開始會變回藍色，不過因為杯中有加入乾冰，馬上會變成紫紅色了喔。
蚊蟲叮咬藥
鹼性
乾冰
酸性
含有阿摩尼亞的蚊蟲藥是鹼性的，而乾冰是酸性的。由於乾冰是二氧化碳冷卻後所形成的硬塊，放入水中就會開始冒泡。

如果用 1L 的大量筒，會更有魄力喔！
而且！只要滴入廁所酸性清潔劑，就會變成漂亮的紅色喔！
哼哼哼
博士，看得都捨不得眨眼了！
嘿嘿嘿
我要拍成影片～
我想給大家看～！

※ 廁所酸性清潔劑中含有鹽酸，一定要跟大人一起使用，注意不要用手直接接觸喔。

part 3

溫度的神奇之處

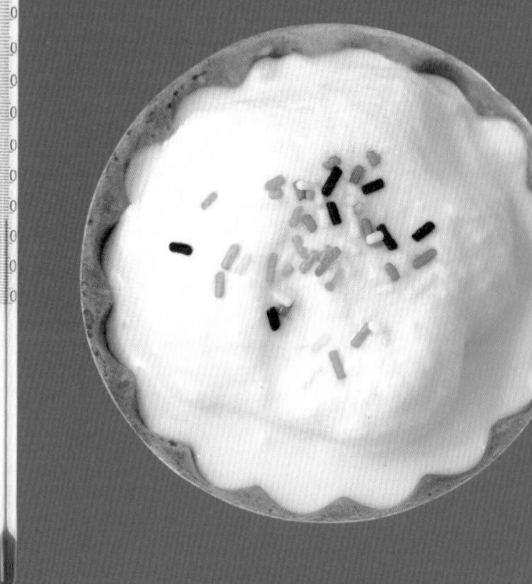

10 分鐘就能做出會
涼爽融化的冰淇淋？
而且不放入冷凍庫
也能確實地凝固，
這是怎麼回事？
操控溫度的神奇之處，
來做出大家都喜歡的手工
冰涼甜點吧！

…
不快點吃的話要融化了喔！

但是，我只要一想到這麼好吃的冰淇淋，在冷凍庫發明以前的古人都吃不到，**就覺得他們好可憐喔……**
咦!?

冒出
其實有不用冷凍庫也能做冰淇淋的方法喔！
啊！博士！

那麼…該不會以前的人也……
真好吃♪

冷卻或加熱，
食物與溫度之間
有很深的關係！
只要知道溫度的
神奇之處，
就能讓冷的東西變更冷，
學會讓它不容易
融化的技巧喔！

該怎麼做才可以
不用冷凍庫就
做出冰淇淋呢？

攪拌、揉捏、搖晃！

高速牛奶冰

沒有特別工具也能做的超高速冰品！
竟然只用水跟鹽，花 10 分鐘就能結凍。
短時間便能完成滑順又柔軟的冰淇淋，太驚人了♥
入口即化的幸福口感，是手工製作才有的犒賞。

材料 [3～4人份]

- ☐ 鮮奶油 a……200mL
- ☐ 牛奶 b……100mL
- ☐ 砂糖 c……6 大匙
- ☐ 香草精 d……少許
- ☐ 彩色巧克力噴霧、彩糖……依個人喜好

器具

- ☐ 密封袋 a……L 與 M 各 1 個
- ☐ 冰 b……700g
- ☐ 鹽 c……250g
- ☐ 湯匙 d……1 支
- ☐ 棉布手套 e……1 組（或是 1 條毛巾）

b

d

c

d e

可以吃的實驗開始！

攪拌

1

在 M 號的密封袋中裝入 200mL 鮮奶油、100mL 牛奶、6 大匙砂糖與 3 滴香草精。

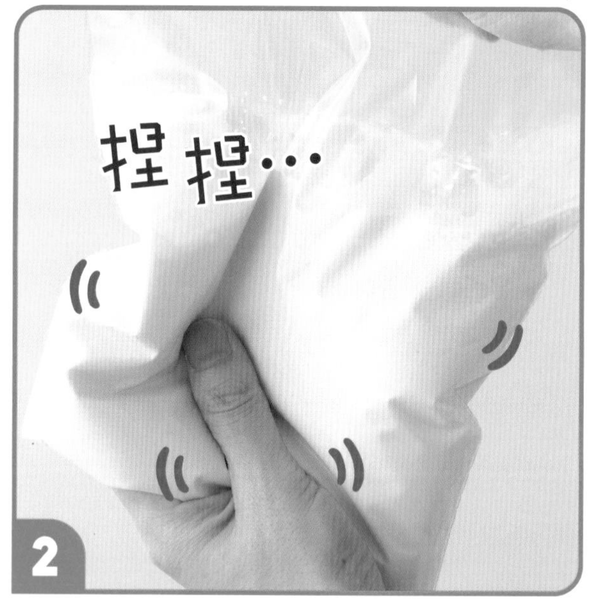

2

擠光空氣，確實封緊袋口，從袋子上方開始仔細地揉捏、混和。

把冰和鹽放旁邊

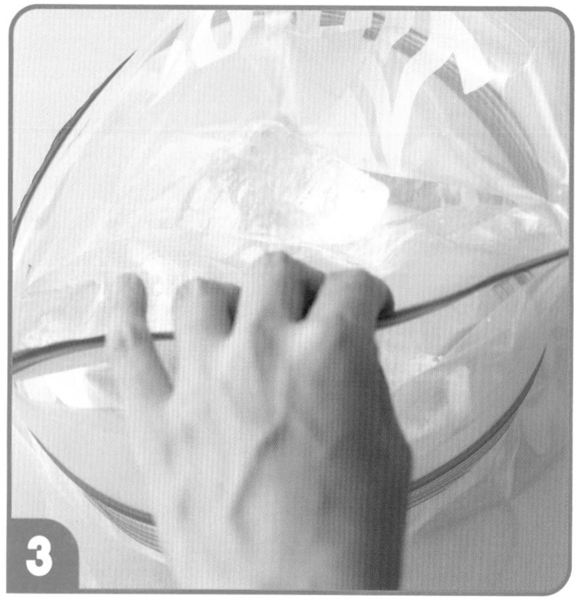

3

在 L 號的密封袋中加入 **2**，並把 700g 的冰放旁邊。

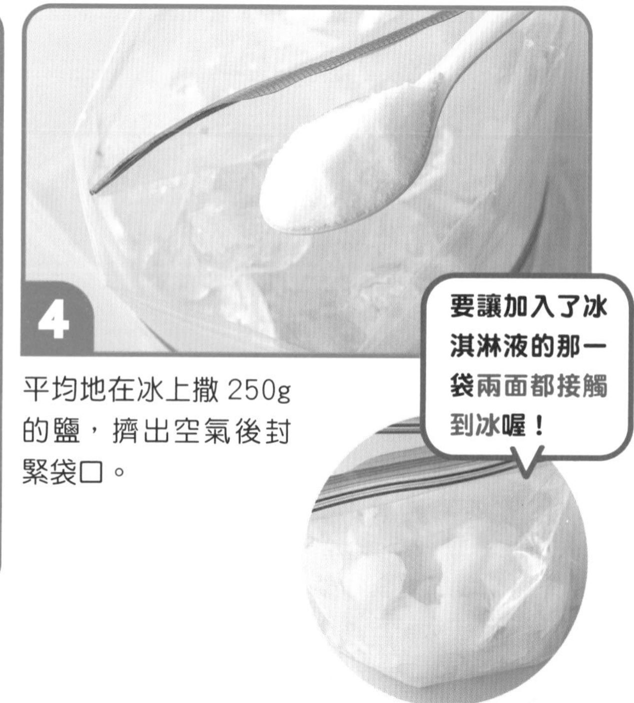

要讓加入了冰淇淋液的那一袋兩面都接觸到冰喔！

4

平均地在冰上撒 250g 的鹽，擠出空氣後封緊袋口。

捏與搖

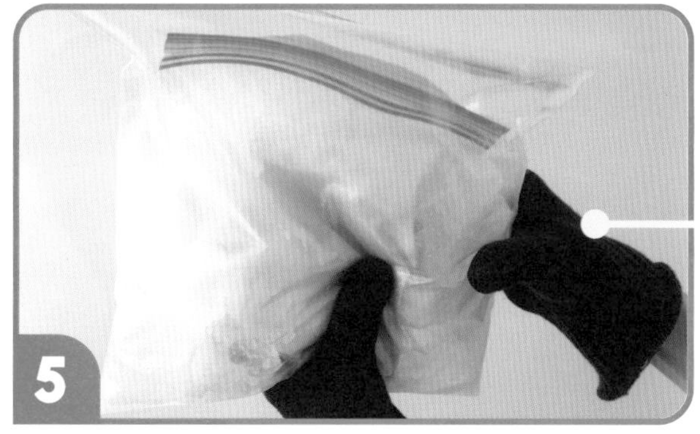

戴上棉布手套，搖晃 **4** 的袋子，並從上開始揉捏。

一定要

要戴棉布手套或用毛巾包覆起來！

由於放入鹽水的袋子會變得非常冷，用手直接觸碰可能會凍傷。請戴上棉布手套、隔熱手套，亦或是用毛巾包覆起來。

徹底搖晃！揉捏約 10 分鐘！

由於冰淇淋液會從袋子下方開始凝固，不時要改變袋子的方向，或上下顛倒，充分搖晃、揉捏 10 分鐘吧！

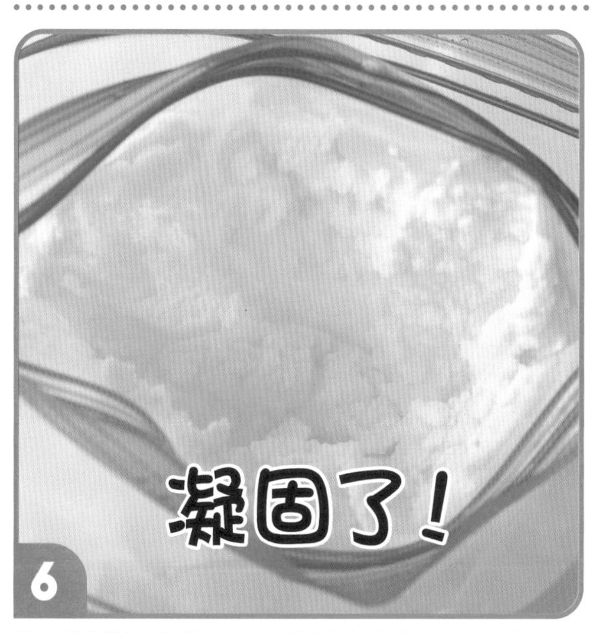

等冰淇淋凝固後，用湯匙挖出來放入容器中。

完成啦！

依個人喜好用彩色巧克力噴霧或彩糖裝飾都很可愛喔。由於很快就會融化，完成後要馬上吃喔！

解謎

為什麼用冰跟鹽，冰淇淋就會凝固呢？

在裝有冰的袋中加入鹽，冰就會逐漸融化對吧？「冰融化了」這件事，是因為溫度變高了嗎？答案是否定的。其實，袋子中的食鹽水只有大約負15度左右，相當冰涼。所以冰冷的鹽水比冷空氣的冷卻能力更強，可以急速冷凍冰淇淋液，比用冷凍庫來做還要快上許多，只要10分鐘左右就能完成了！得以做出滑順的完美冰淇淋。

那麼，為什麼用水跟鹽可以讓溫度下降那麼多呢？一般來說，水只要到0度就會變成冰。不過，如果其中含有像鹽這樣的異物，即使到了0度也不容易變成冰。因此只要撒上鹽的地方冰就會融化，此外冰融化時會吸收周遭的熱，導致周圍的溫度降低。這就跟很熱的時候在皮膚上敷溼毛巾就會感到涼爽的原理相同。溼毛巾的水分變成氣體時會吸取皮膚上的熱，固體的冰變成液體的水時也會引起降低周圍溫度的現象。

只要不斷進行「撒上鹽後冰融化」、「溫度降低」、「接觸到食鹽水的冰會進一步融化」的循環，溫度就會繼續下降。

這個機制也被應用在多雪地區的降雪對策上。「融雪車」所撒的東西，就是有著與鹽類似性質的氯化鈣或氯化鈉。利用撒上鹽後結冰的溫度會遠低於0度的這個特質導致積雪融化，使其不易結冰。或許是否有人覺得「如果要融化雪，不是直接淋熱水比較快嗎」？的確，淋上熱水雪就會融化，不過融化的水在冰點以下的寒冷環境馬上又會結冰，變得一片光滑。要使雪融化卻需要降低溫度，這點是不是覺得既神奇又有趣呢？

將降低溫度的神奇之處進一步實驗！

用細繩把冰釣起來！釣冰塊

只要在食鹽上放冰塊，與鹽接觸部分的冰就會融化，溫度開始下降。由於冰塊表面的溫度低於 0 度，因此滴水在冰上馬上就會變得硬梆梆！棉線也會一同結冰，冰彷彿就像魚一樣咬住了棉線。拿起棉線的時間點是冰上的水結凍時，仔細觀察，看透把冰釣起來的時間吧！

【要準備的東西】●冰……1 塊　●食鹽……2 大匙　●水……少許　●滴管……1 根　●棉線……20cm　●筷子……1 支　●盤子……1 個

在盤子上堆滿食鹽。

在食鹽上放置冰塊。從冰塊上方往下推，使一半左右的冰塊埋入食鹽中。

在冰塊上用滴管滴 3 滴左右的水。

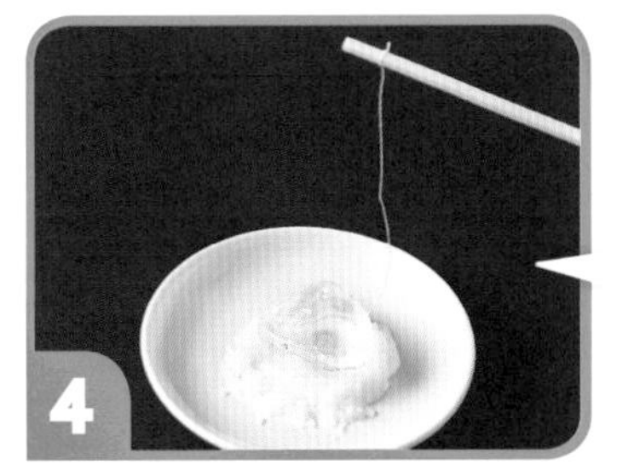

在筷子的前端繫上棉線，並將棉線前端 1cm 左右浸入冰上的水中一般，垂釣棉線。

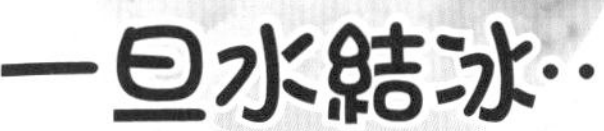

只要慢慢拿起筷子，冰塊就會黏在棉線前端上被提起。

會使結冰溫度下降的「凝固點下降」

液體的水在 0 度時會變成固體的冰，加入鹽攪拌的水，就算到了 0 度也不會結冰。這個現象稱為「凝固點下降」，意思就是成為固體的溫度降低了。無論是釣冰塊還是手工冰淇淋，都是利用了凝固點下降的原理。

一個盤子裡有兩種溫度！

熱烤阿拉斯加

在熱熱的蛋白霜上插入刀子後，
其中湧出了涼爽的冰淇淋。
可以同時品嘗兩種溫度，這種有點時髦的甜點你覺得如何呢？
重點在於要確實打發蛋白，做成極為細緻的蛋白霜！

材料 [2個份]

- □ 海綿蛋糕
  （市售，直徑12～15cm）a……1個
- □ 杯裝冰淇淋
  （直徑7× 高度4cm左右）b……2個
- □ 蛋白（先冷藏）c……1個份（30～35g）
- □ 白砂糖 d……50g

多樣性包裝冰淇淋的尺寸最適合

器具

- □ 砧板＆菜刀 a……各1個
- □ 剪刀 b……1把
- □ 耐熱盤 c……2個
- □ 碗 d……大、中各1個
- □ 奶泡器 e……1支
- □ 冰 f……適量
- □ 湯匙 g……1支

可以吃的實驗開始！

挖開海綿蛋糕

將一個海綿蛋糕的厚度均等地對半切開。

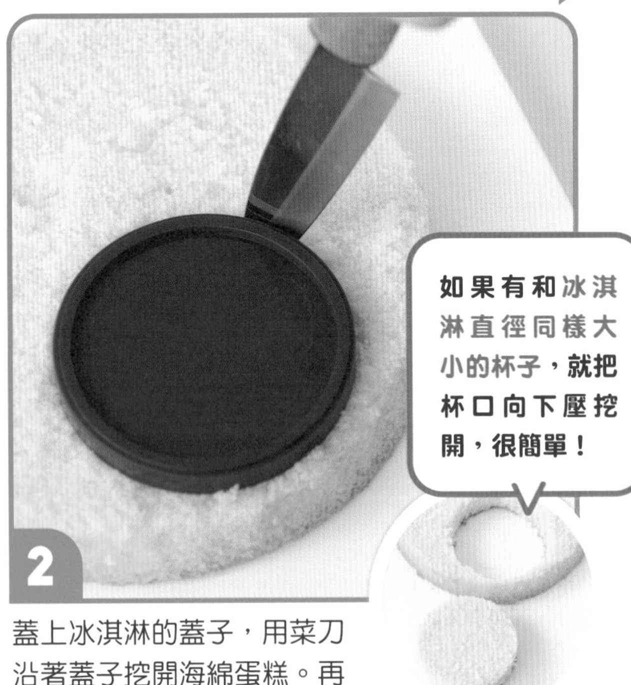

2
如果有和冰淇淋直徑同樣大小的杯子，就把杯口向下壓挖開，很簡單！

蓋上冰淇淋的蓋子，用菜刀沿著蓋子挖開海綿蛋糕。再用同樣的方式做一片。

放上冰淇淋

在冰淇淋的杯子上用剪刀稍微剪個缺口，繞圈撕開。

把兩個耐熱盤（焗烤盤等）翻過來，放上兩片 2 的海綿蛋糕，把兩個冰淇淋分別反過來放上去。

冷凍

在冷凍庫冷凍 1 小時以上。

準備烤箱

烤箱預熱 200 度。

製作蛋白霜

4

在中尺寸的不銹鋼碗中加入一顆雞蛋的蛋白，並加入一小撮白砂糖。

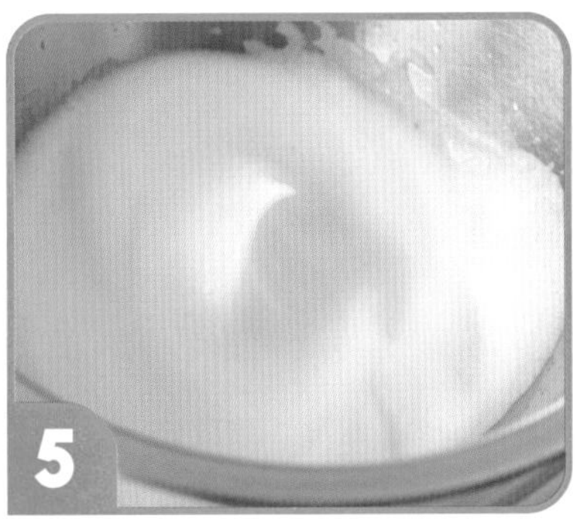

5

一邊加入冷水一邊用奶泡器用力發泡。如果是用電動奶泡機，請用「高速」。

6

發泡至尖角朝上挺起時，加入 1/3 的白砂糖後繼續發泡。

蓋上蛋白霜

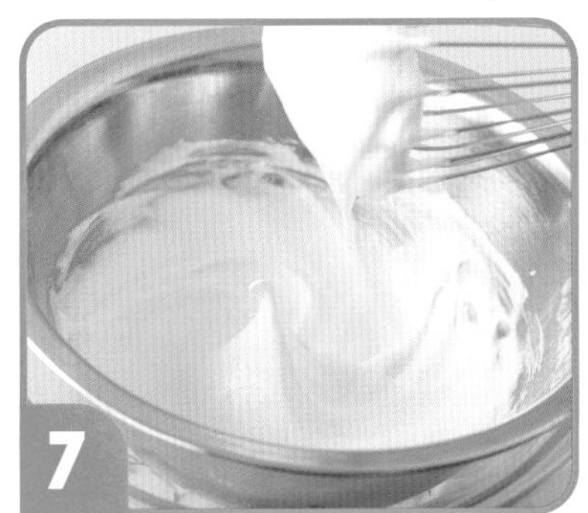

7

將剩下的白砂糖分兩次加入，兩次都要打發，做成鬆軟的蛋白霜！

8

把從冷凍庫中拿出來的 3 放到桌上，把蛋白霜均等地放在冰淇淋上。

9

從上到下，將蛋白霜覆蓋住冰淇淋與海綿蛋糕，不要有空隙。

如果有一點點沒覆蓋到的地方，烤的時候冰淇淋就會融化，要特別注意。

烤

10

若用湯匙背面拍打做出小小的尖角，就會出現漂亮的焦痕喔！

將 10 放入預熱了 200 度的烤箱上層

烤 3 分半，烤到蛋白霜出現一點點焦色後就要馬上拿出來。

放到盤子上後，要馬上吃掉喔！

解謎

外層熱呼呼，裡面卻冷冰冰！為什麼？

烤箱的溫度是200度，是將冰淇淋放進去後會馬上融化的溫度。即便如此，熱烤阿拉斯加裡的冰淇淋還是相當冰涼，是因為大量的蛋白霜在烤箱的熱氣中保護了冰淇淋。

蛋白霜是把蛋白充分打發後製作而成的。只要用力攪拌，蛋白就會發泡，蛋白裡有很多空氣小泡泡。能隔絕200度高溫的，就是這些空氣小泡泡。其實，空氣具有使熱不容易通過的性質。柔軟蓬鬆的蛋白霜竟然能使熱不容易通過，實在令人意外呢。

不過，空氣這個難傳熱的性質，已經被應用在我們生活周遭的各種地方。例如在寒冬中穿上塞入羽毛的羽絨外套，就會很溫暖對吧？這是多虧了柔軟的羽毛，在外部空氣與身體之間形成了空氣隔層。由於這個空氣隔層不容易傳導熱，體溫才不會外流，外部的冷空氣也不會傳到衣服裡面。

那麼，只要留意到「蛋白霜的空氣隔層會使烤箱的熱量不易傳到中心的冰淇淋上」這點，就會知道使熱烤阿拉斯加成功的祕訣了。重點在於要用蛋白霜覆蓋，隔絕空氣。一旦某處開了一點小洞，烤箱內的熱氣就會跑進去，使冰淇淋融化。尤其是海綿蛋糕附近，這是最容易出現縫隙的部分。放進烤箱烤之前要再確認一次喔。

此外，從烤箱中拿出來後要馬上吃掉，這點也很重要！隨著時間的經過，熱度就會慢慢傳到冰淇淋上。一邊感受空氣的神奇，一邊品嘗熱呼呼與冷冰冰這兩種溫度吧。

來調查看看吧！

哪一個能讓冰淇淋不容易融化呢？

用扇子搧風？用毛衣包住？
使冰淇淋長久維持的方法。

在沒有辦法馬上把冰淇淋冰入冷凍庫的時候，要使冰淇淋不易融化，是要用扇子？還是毛衣？感覺用扇子搧風比較能夠送出涼風，使冰淇淋不容易融化，不過實際上，用毛衣包起來冰淇淋融化的速度會比較慢。如果用扇子搧風，就會不斷送出比冰淇淋還要溫暖的空氣。另一方面，若用毛衣包住冰淇淋，毛衣就能隔絕房間空氣的熱，使冰淇淋不易融化。

來調查看看吧！

什麼物質導熱性比較好呢？

金屬會比空氣、木頭、土
更快傳導熱。

與空氣相反，有什麼物質容易導熱呢？放眼觀察家裡四周，就會找到提示了。在做料理時，煮肉或蔬菜所用的器具是使用了什麼材質呢？鍋子或平底鍋是用鐵或銅等製成的對吧。由於金屬有善於導熱的特性，能使食材快速加熱。而鑽石居然比金屬的熱傳導力更好！能比銅的導熱快上好幾倍呢。

溫度的神奇之處 特別實驗

「拍打就會變涼!? 瞬間涼爽包裝袋」篇

嘿嘿嘿
等等——!
啊哈哈
太激動了…
好熱…
嗨嗨!
你們好像很熱呢，這時就輪到只要拍打就會涼爽的包裝袋出場啦!
要準備的東西是這些!
杯子
托盤
尿素
密封袋
水
鋁箔紙
鏘鏘——
尿素在園藝店或是網路商店就能買到喔。
按
不用冰或鹽嗎?
尿素是什麼?
尿素具有溶於水中就會變冷的性質。利用這一點，便能簡單地做出舒服的涼爽袋囉。

做為植物肥料的尿素，只要溶解於水中就會降低溫度約 10 度。其實，無論何種物質溶解於水後，溫度都會上升或下降。尿素的溫度變化，是碰到肌膚時會感到舒適的涼爽感。也會運用在市售的冷卻袋上。

要準備的東西

- 尿素……約半杯　●水……適量
- 密封袋（20×20cm 左右）……1 個
- 鋁箔紙（25×25cm）……1 張
- 杯子……1 個　●托盤……1 個

part 4

凝固的神奇之處

哈密瓜汽水變成口感彈牙的膠囊？
砂糖液變成閃閃發光的結晶？
在蓬鬆的狀態下凝固，
因而不會消失的泡泡？
一口氣來進行各種
「凝固」的實驗吧！

定住
1 2 3…木頭人！
說到固定，你認為使物質凝固的方法是什麼呢？
麗卡跟博士都好會固定喔。
嗯—譬如說…
好厲害！
打發鮮奶油就會變成蓬鬆的團塊。
水冷卻後就會凝結成冰！
鬆餅在烤之前是糊糊的，烤了之後就會變硬呢。
其他還有溶解於水中的東西在水蒸發後會出現名為結晶的團塊，說到凝固，還真是深奧啊。

來進行看看各種好吃的「凝固」實驗吧！
收到！

啵！的一聲破裂，神奇的口感！

顆粒哈密瓜冰淇淋蘇打

一咬下就會啵！的一聲破裂，噴出哈密瓜糖漿，
感覺有點奇妙的冰淇淋蘇打。
海藻酸鈉與乳酸鈣——使用了不常聽見的粉末將糖漿包在膠囊中。
來體驗看看外觀也很有趣，讓你有全新感受的哈密瓜蘇打吧！

材料［2人份］

- □ 海藻酸鈉 a ……2/3 小匙
- □ 水 b ……100mL
- □ 刨冰糖漿（哈密瓜）c ……3 大匙
- □ 汽水 d ……適量
- □ 香草冰淇淋、櫻桃（罐裝）、冰 e ……皆適量

※海藻酸鈉與乳酸鈣在網路商店或大型藥妝店等都能買到。

器具

- □ 耐熱杯 a ……1 個
- □ 有蓋醬料瓶（開口直徑約 8mm 左右）b ……1 個
- □ 乳酸鈣 c ……1 小匙
- □ 碗（或是深的盤子）d ……1 個
- □ 篩子 e ……1 個
- □ 湯匙 f ……2 支

可以吃的實驗開始！

溶解海藻酸鈉

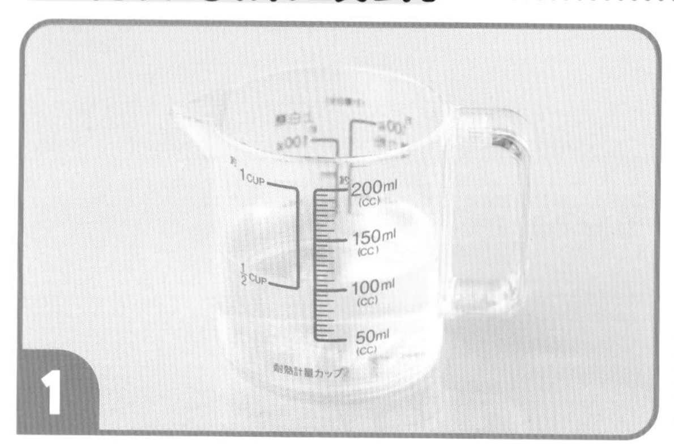

將 100mL 的水倒入耐熱杯中，用微波爐加熱 15 ～ 20 秒，直到水溫略比體溫高為止。

把水放入醬料瓶中，並加入 1/4（1/6 小匙）的海藻酸鈉後蓋緊瓶蓋。

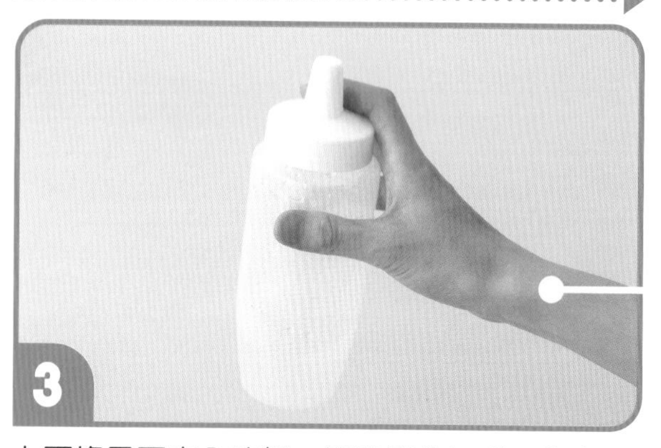

上下搖晃至完全溶解，等溶解後把剩下的海藻酸鈉分 3 次加入，每次都要充分搖晃至溶解。

要不要換我來？
搖
搖
搖
搖
請稍等10分鐘。

由於海藻酸鈉不易溶解於水中，一點一點地加入來搖晃混和是重點！全部溶解需要 10 ～ 15 分鐘，請耐心地不斷搖晃吧。

做成哈密瓜口味

等海藻酸鈉完全溶解後，加入 3 大匙哈密瓜糖漿。

上下充分搖晃，使其混合。

製作膠囊

6

在碗或是深的盤子中加入200mL 的水，並加入 1 小匙乳酸鈣後加以攪拌。

7

拿掉醬料瓶的蓋子，一滴一滴地滴入 6 中。由於馬上就會凝固，就不斷滴入吧。

製作膠囊時迅速是重點！

浸泡在乳酸鈣溶液中的時間一長，彈牙的口感就會變硬，導致哈密瓜糖漿的顏色與香味變得容易流失。要做出好喝的哈密瓜蘇打，就要注意此時的速度，不斷地滴入膠囊是訣竅所在！

清洗

放到篩子上後浸泡在水中，用水仔細清洗並把水瀝乾。

8

盛滿

在玻璃杯中均等地放入 8，把冰確實地填滿後加入蘇打水。放上香草冰淇淋，用櫻桃裝飾。

解謎

液體變成顆粒！做出圓滾滾膠囊的原因

在加熱至接近體溫的水中一點一點地加入海藻酸鈉並不斷搖晃，就會變成黏稠的液體。若把這個水溶液加進溶有乳酸鈣的水中，海藻酸鈉溶液一碰到水，就會立刻固化。由於固化形狀成滴落的水滴狀，只要擠壓醬料瓶，也能做成長長的形狀。試著吃吃看，便會發現表面像果凍般軟軟的口感，中間卻是黏糊糊的液體。啵！的一聲就會破裂的口感，可是有趣到會讓人上癮呢。

海藻酸鈉水溶液與乳酸鈣反應後，就會形成不易溶於水的海藻酸鈣薄膜。當水滴從醬料瓶中滴落時，乳酸鈣水溶液接觸到的部分瞬間就會變成充滿彈性的薄膜！並包覆住帶有哈密瓜糖漿的液體，形成哈密瓜膠囊。

那麼，你是否有在別的地方品嘗過這個「顆粒哈密瓜冰淇淋蘇打」的口感呢？沒錯，就跟彈牙的鮭魚卵一樣。這次實驗使用的是刨冰糖漿，不過，如果是用食用的紅色素或醬油等來染色、調味，就能做出跟實品一模一樣的人工鮭魚卵了。

其實，使用了海藻酸鈉的人工鮭魚卵已經作為鮭魚卵的替代品上市了。由於一年四季都能便宜又輕鬆地品嘗到美味的鮭魚卵，在迴轉壽司等店家也相當受歡迎！不過因為近期也開始能從海外穩定地進口鮭魚卵，導致越來越少見了。

只要在海藻酸鈉的水溶液中加入檸檬、草莓、藍色夏威夷等自己喜歡口味的刨冰糖漿，加以混和、分色，也能做出色彩繽紛的冰淇淋蘇打。請務必挑戰看外表可愛又繽紛的冰淇淋蘇打吧！

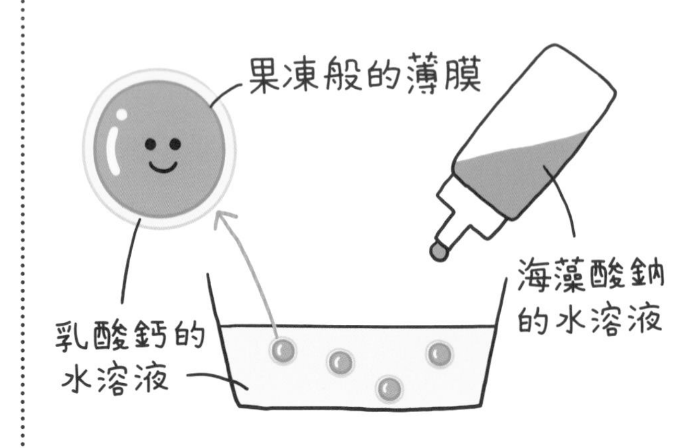

來調查看看吧！

跟真的一樣！人工鮭魚卵

運用科學的智慧打造多樣化且豐富的餐桌。

除了運用海藻酸鈉性質所做的人工鮭魚卵外，還有其他善用科學智慧，做出了跟實物一模一樣的食品。例如用魚漿所做的螃蟹味魚板、用植物油所做的奶精等都是其中之一。此外，最近還出現了運用人工鮭魚卵的原理，將果汁或液體包在球體中的料理！這些料理稱為「分子料理」，外表看起來既美麗又有趣，這樣新奇的美味在高級餐廳也相當受歡迎。

來調查看看吧！

海藻酸鈉也能從昆布中取得！

昆布黏膩成分的真實身分就是海藻酸鈉！

先把昆布放在水中一陣子，再用廚房剪刀剪開看看吧！切口會出現黏黏的果凍狀黏液。這個黏黏的東西就是海藻酸鈉。如果稍微費點功夫，也能從昆布中取得海藻酸鈉。把細絲昆布放入溫水中，加入小蘇打粉後放置半天左右，再用紗布之類的東西來過濾吧。帶點黏稠的液體就是海藻酸鈉水溶液。不過，從昆布中取出的水溶液還會殘留一點海藻的風味喔。

像寶石閃閃發光

閃亮棒棒糖

來公開讓棒棒糖變得又大又亮晶晶的方法！
只要把糖果浸泡在溶有果汁粉的黏黏砂糖液中，
就會慢慢地、確實地形成砂糖的結晶。
要完成最短也要一個星期，就一邊守護棒棒糖的成長一邊觀察吧♪

材料 [容易製作的分量]

- ☐ 白砂糖 a ……420g
- ☐ 水 b ……適量
- ☐ 喜歡的果汁粉 c ……5 袋（1 袋 12g）
- ☐ 喜歡的棒棒糖 d ……5 支

器具

- ☐ 容量 120mL 的耐熱玻璃杯 a ……5 個
- ☐ 鍋子 b ……1 個
- ☐ 橡膠刮刀 c ……1 支
- ☐ 小的耐熱容器 d ……1 個
- ☐ 湯匙 e ……5 支
- ☐ 方形盤 f ……1 個
- ☐ 小木夾 g ……10 個（或是拆開前的竹筷 5 雙）
- ☐ 烘焙紙、保鮮膜 h ……皆適量

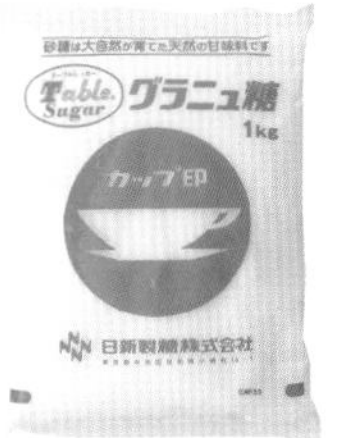

a

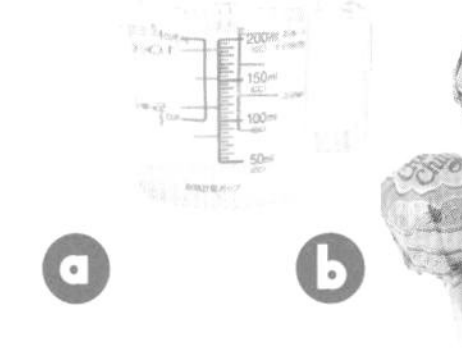

b

c d

可以吃的實驗開始！

製作糖液

1

在五個玻璃杯中各加入 1 袋果汁粉，並各加入 1 小湯匙的水加以攪拌。

2

在鍋子中加入 420g 的白砂糖與 160mL 的水後開中火，一邊攪拌一邊煮 1 分鐘。等變成透明狀後關火，舀出 1 又 1/2 大匙。

3

在 **1** 的玻璃杯中各加入 1 大匙 **2** 鍋中的糖液，各自充分混合。

4

將剩下的糖液平均注入，每一個都要迅速地充分攪拌。

換成有壺嘴的耐熱容器，**會比較好把糖液分裝到玻璃杯中喔。**

5

等果汁粉完全溶解，液體變透明就ＯＫ了！就這樣放到冷卻為止。

如果還有溶解剩下的話……

如果仔細攪拌後果汁粉還是不溶解完全或是液體混濁的話，就整杯拿去微波加熱 10 ～ 20 秒後再次攪拌，讓其溶解吧。

撒上白砂糖

把糖果放入在 2 時先分裝出來的糖液中滾動，再用湯匙把白砂糖（分量外）平均撒上去。

乾燥

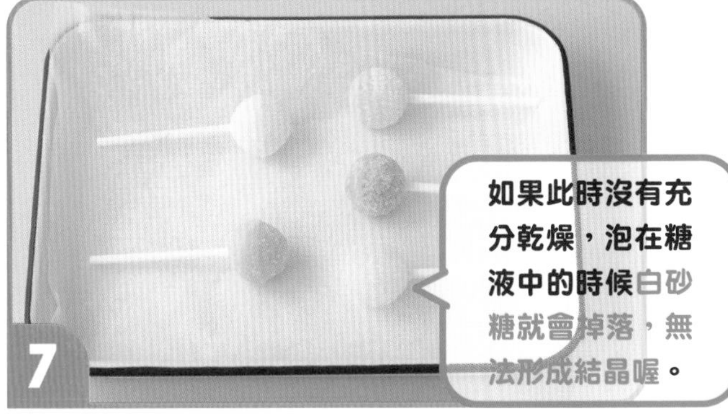

7
如果此時沒有充分乾燥，泡在糖液中的時候白砂糖就會掉落，無法形成結晶喔。

在方形盤上鋪好烘焙紙，將 6 排在上面乾燥至少 1 小時。乾了之後用棒棒糖輕敲方形盤的邊緣，抖掉多餘的白砂糖。

浸泡在糖液中

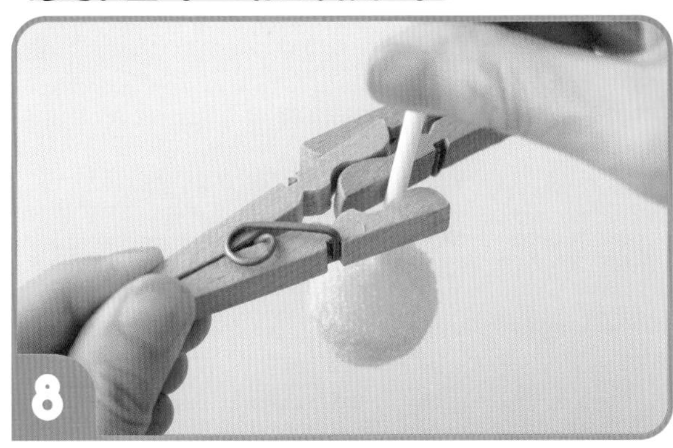

組合 2 個小木夾，夾住棒棒糖的棒子（不把筷子打開，用開到一半的狀態夾住糖果也 OK）。

一根一根地把糖果放到 5 的玻璃杯中，為了防止灰塵落入，輕輕地蓋上一層保鮮膜。把棒棒糖浸入距離杯底 2cm 處左右，約放在杯子的正中央。

第一天

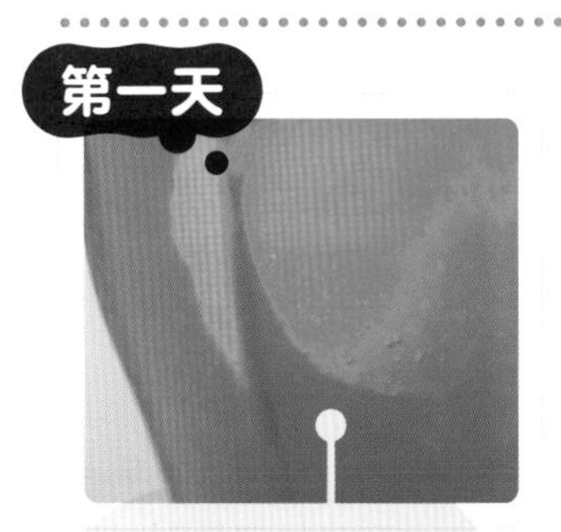

表面附著了細小的泡泡，糖液中出現了許多小顆粒狀的東西！

用洗乾淨的手指輕輕觸摸，如果有不平滑的堅硬觸感，那就成功了！再放回玻璃杯中吧。

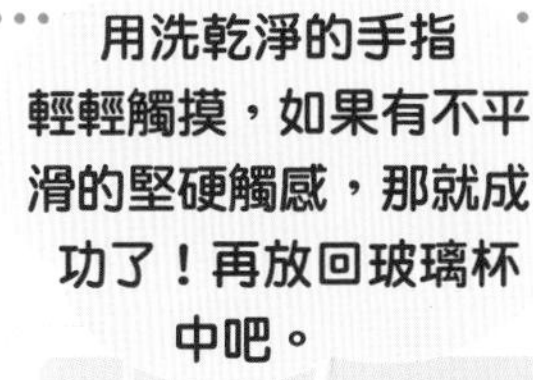

第四天

第七天

正方形的結晶整齊地排列著！棒棒糖也變大了。

你能把棒棒糖養得多大呢？

解謎

為什麼隨著時間經過，棒棒糖會變大又變得亮晶晶呢？

砂糖是非常容易溶於水中的物質。這次的閃亮棒棒糖食譜，是將多達 420g 的砂糖溶於 160mL 的水中。由於溫度越高砂糖越容易融化，用火煮並攪拌至完全透明是重點所在。在這個糖液中加入了果汁粉後所形成的，是閃亮棒棒糖的「營養源」。

而溶有大量砂糖的糖液冷卻後，原本溶解在熱水中的砂糖會發生什麼事呢？溫度一下降，砂糖能溶解的分量就會變少。無法完全溶解的砂糖，又會變成薄脆的糖塊出現！這個現象稱為「再結晶」。此時砂糖們會互相吸引，在棒棒糖的表面形成像寶石一樣亮晶晶的結晶。

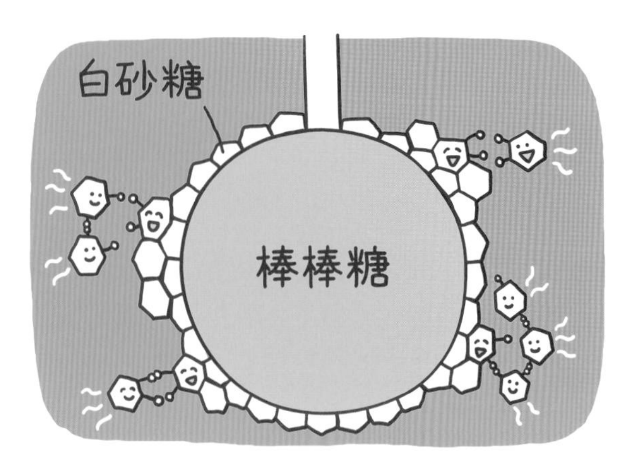

當砂糖再結晶時，需要成為其聚集中心的「核」。塗在棒棒糖上的白砂糖會變成核，成為砂糖附著的基臺。因此，在塗滿白砂糖後，確實乾燥非常重要。如果沒有完全乾燥，放入糖液中時白砂糖就會掉入杯中。那麼，變成核的就不是棒棒糖而是落入杯中的白砂糖，並進行再結晶了。此外，確認在糖液中溶解剩下的果汁粉是否有浮起，以及放入棒棒糖後蓋上保鮮膜防止灰塵都是為了不留下多餘的核。讓砂糖只會聚集在棒棒糖上，這就是將閃亮棒棒糖養得又大又漂亮的重要關鍵。

杯中的糖液即使在完全冷卻後也會緩慢地持續蒸發水分。水量一減少，無法完全溶解的砂糖就會再結晶而出現，促使棒棒糖日漸成長。只要緩慢地再結晶，結晶就會變大。耗時多日的閃亮棒棒糖彷彿就像真的寶石一樣！甚至連吃掉都覺得很可惜呢。

將再結晶的神奇之處進一步實驗！

嘩啦嘩啦地下在杯子裡的雪

只要在加鹽加到「已經無法再溶解了！」的食鹽水中緩慢地加入無水酒精，鹽的顆粒就會從分界線中冒出來。酒精溶於水中的部分，就是由於鹽已經無法溶於水中而進行再結晶。除了無水酒精外，燃料用酒精也能進行實驗。降雪的方式會改變，就來比較看看吧。

【要準備的東西】● 500mL 的寶特瓶……1 個　● 食鹽、水、無水酒精、紙……皆適量
● 細長玻璃杯……1 個　● 筷子……1 支

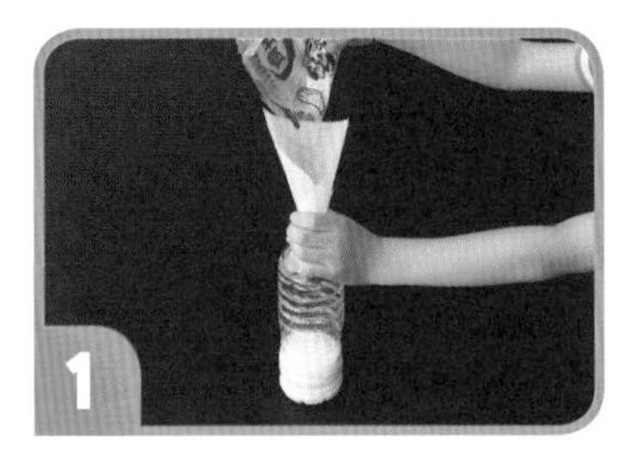

在寶特瓶中加入 1/3 瓶左右的食鹽。把紙捲成漏斗狀會比較容易放入。

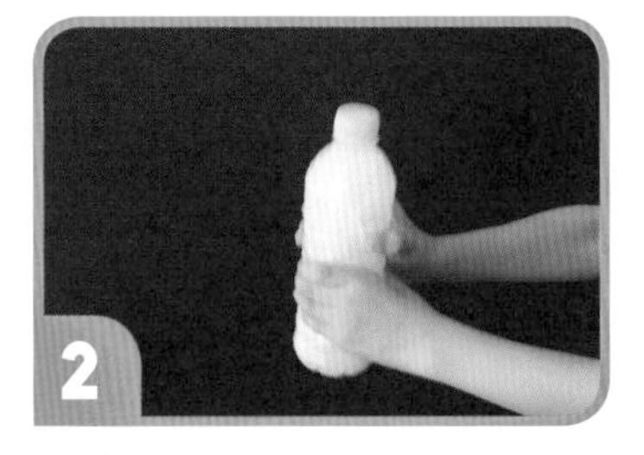

在寶特瓶中加入 3/4 的水，充分搖晃 2～3 分鐘。就算沒有完全溶解也沒關係。

將 **2** 的清澈部分裝到玻璃杯中，高度約 3/4 杯。

將無水酒精沿著筷子慢慢加入，高度約 2cm。

食鹽水與無水酒精的分界線會有鹽慢慢掉落！

可以清楚看見鹽出現的地方耶！

把食鹽水放置一個晚上會提升成功率

掌握這個實驗的關鍵，在於製作將鹽溶解至「已經無法再溶解更多鹽了」這等極限的「飽和水溶液」。就算寶特瓶裡面還有沒溶解完全的鹽巴也沒問題。只要放一個晚上就能進一步成為更完全的飽和食鹽水溶液，提高實驗的成功率。

用跟真的啤酒一樣
令人吃驚的果凍乾杯！

兒童啤酒

外表明明就跟啤酒完全一樣，把玻璃杯上下顛倒後卻不會灑出來？
其真相，是清爽又帶有甜味的蘋果果凍。
這個露營時的趣味整人甜點，也推薦在派對上吃。
連綿密的泡泡都不會消失而是凝固的神奇之處，就讓我們來解明吧！

材料［容量 180mL 左右的玻璃杯 2 個份］

- ☐ 吉利丁粉 a……5g
- ☐ 蘋果汁（透明的）b……300mL
- ☐ 砂糖 c……1 大匙

a

b

c

器具

- ☐ 小的容器 a……1 個
- ☐ 小竹籤 b……1 根
- ☐ 小鍋子 c……1 個
- ☐ 橡膠刮刀 d……1 支
- ☐ 碗 e……大、中各 1 個
- ☐ 冰塊 f……適量
- ☐ 容量 180mL 左右的玻璃杯……2 個
- ☐ 奶泡器 g……1 支
- ☐ 湯匙 h……1 支

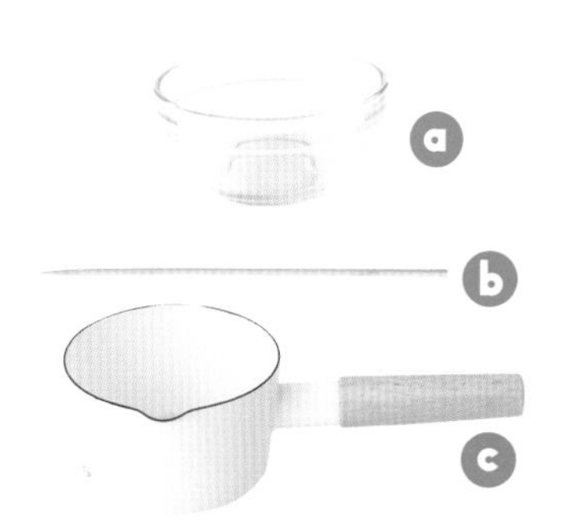
a b c

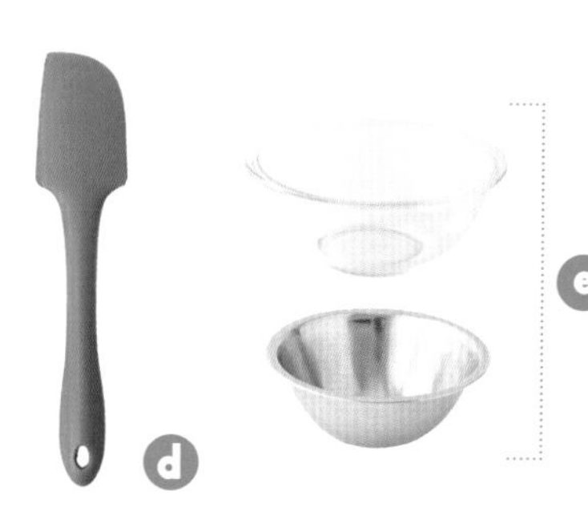
d e

f

g h

可以吃的實驗開始！

使吉利丁膨脹

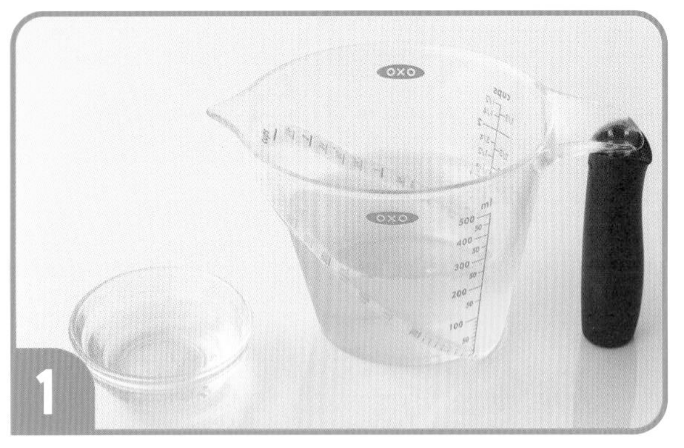

1

取出 2 大匙的蘋果汁放到小容器中。

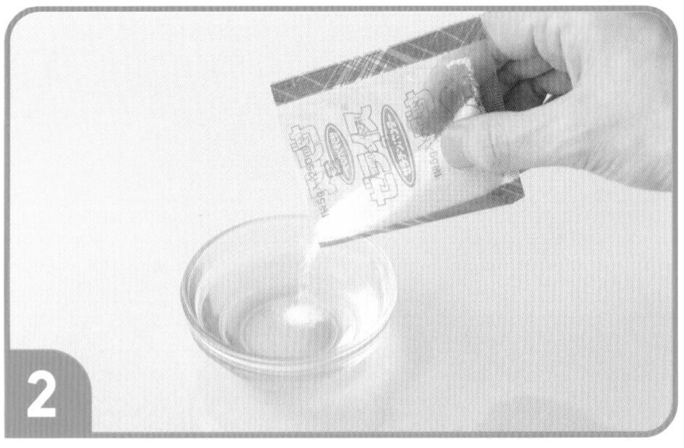

2

加入 5g 的吉利丁粉，用竹籤攪拌 5 分鐘以上後放置，使其膨脹。

製作果凍液

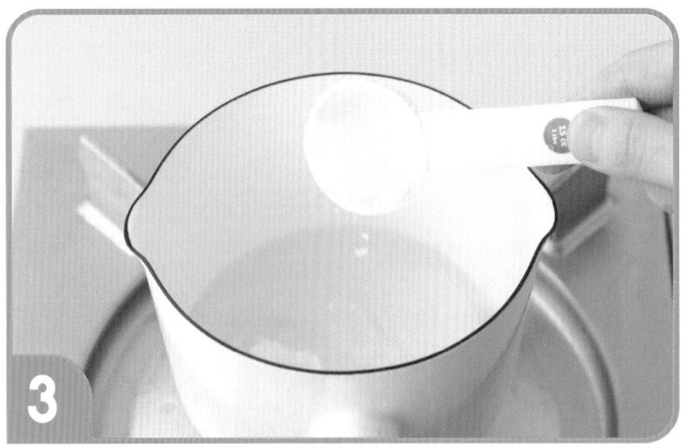

3

在鍋中加入 50mL 的蘋果汁、1 大匙砂糖後開中火煮，邊用橡膠刮刀攪拌至砂糖溶解。

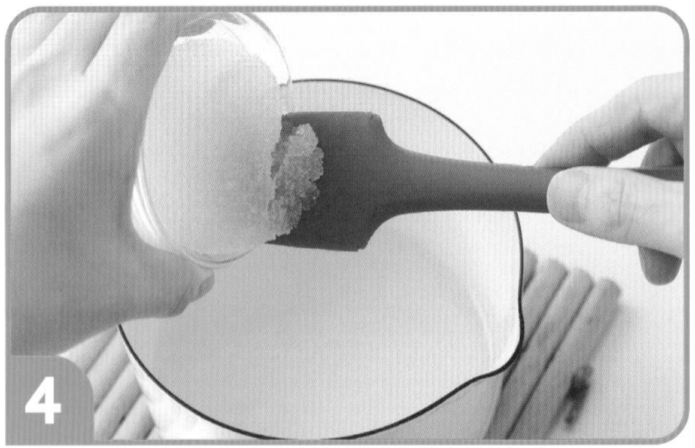

4

等開始冒泡泡後關火，加入 **2** 的吉利丁使其完全溶解。

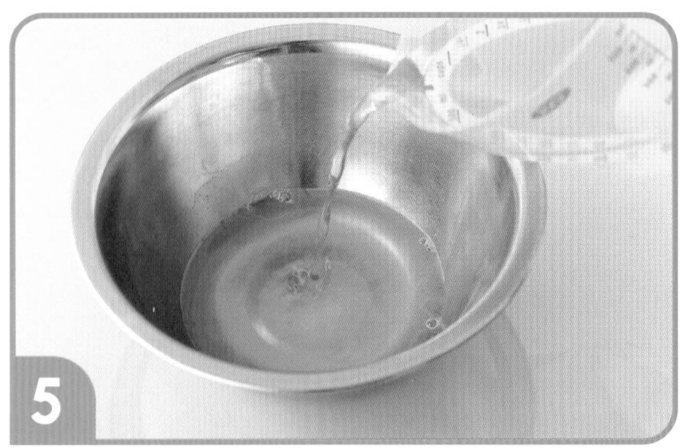

5

將 **4** 移至不銹鋼碗中，加入剩下的蘋果汁。

6

在碗的底下放冰水，用橡膠刮刀攪拌均勻至出現黏稠感。

放入玻璃杯中

7

把 6 的果凍液裝入玻璃杯中至八分滿。

在冷藏室冷卻

8

為了不讓待會兒要放上去的泡泡沉下去，要先冷卻使表面變硬喔。

發泡

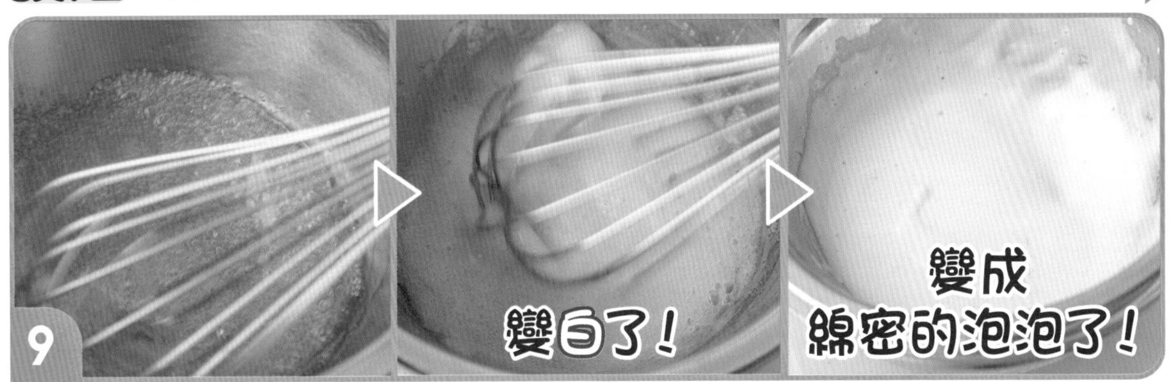
變白了！
變成
綿密的泡泡了！

9

把剩下的果凍液放進冰水中，邊用奶泡器用力發泡。如果是用電動奶泡器，要用「高速」。

冷卻

乾杯！

在冷藏室
冷卻 1 小
時以上

10

在 8 的玻璃杯上用湯匙平均放上泡泡。

解謎

為何泡泡不會消失，而是凝固呢？

連綿密泡泡都跟實物一樣的「兒童啤酒」。乍看之下真的很難相信其實是蘋果果凍吧？

兒童啤酒上的綿密氣泡，與吉利丁中的蛋白質有所關連。試著去發泡什麼都沒有加的蘋果汁吧！你會發現即便非常用力地晃動奶泡器，泡泡也會馬上消失，並不會變白變綿密。

吉利丁中含有一種名為膠原蛋白的蛋白質。膠原蛋白平常是像鎖鏈一般緊密結合在一起的，不過只要用力攪拌，膠原蛋白的鎖鏈就會鬆開、溶解或分散在溶液裡。蘋果汁裡溶入了大量被膠原蛋白包圍起來的空氣泡泡。此外，溶解的膠原蛋白變得像細網，覆蓋在泡泡的表面。多虧了這層薄膜，除了泡泡變得不容易破裂以外，也防止小泡泡黏在一起後變成大泡泡。也就是說，口感綿密滑順的泡泡，是因為膠原蛋白的存在而形成的。

最後只要在冷藏室好好冷卻，等吉利丁凝固後，泡泡也定型了！就算上下顛倒也不會掉落的有趣甜點就完成啦。

用蛋白做的蛋白霜，製作原理和吉利丁的泡泡是一樣的。在蛋白裡的蛋白質包裹著泡泡，形成蓬鬆綿密的蛋白霜。

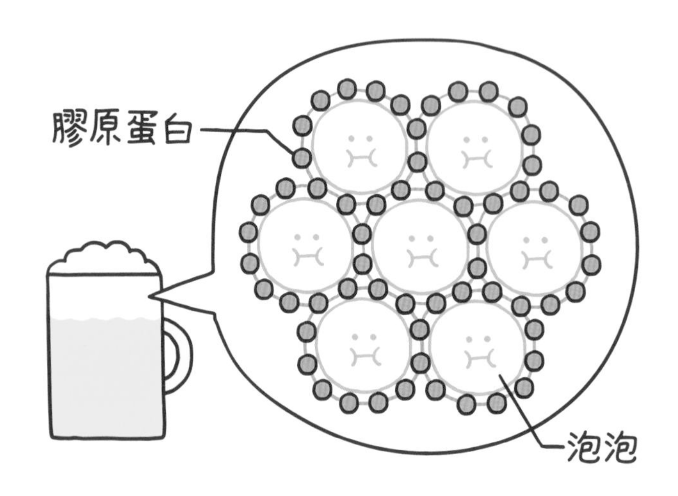

來調查看看吧！

吉利丁會凝固的原因

柔軟的彈性，都是多虧了膠原蛋白的網眼。

吉利丁的原料，是動物骨頭或皮膚中含有的膠原蛋白。膠原蛋白是長鎖鏈狀的構造，不過只要一加熱鎖鏈就會融化、分散。然而，當溫度一下降，膠原蛋白又會變回鎖鏈狀，互相結合在一起。被包在膠原蛋白結構網眼中的果汁等液體，就被留在凝固的吉利丁裡了。柔軟又具有彈性的口感就是吉利丁的特徵！除了果凍以外，棉花糖和慕斯等也會使用到吉利丁。

來調查看看吧！

寒天會凝固的原因

植物性食物纖維會鎖住水分。

與吉利丁相同，若要使液體凝固，我們會使用寒天。這是水羊羹、杏仁豆腐、洋菜等的材料，一捏就碎的清脆口感是其特徵所在。寒天是由石花菜等海草類製作而成的。相對於吉利丁為動物性，寒天是100% 植物性的。此外，吉利丁在 20 度左右就會開始凝固，寒天則要到 45 度左右才開始凝固。即使不冰在冷藏室也會凝固呢。

凝固的神奇之處 特別實驗

「蓬鬆可愛的尿素花」篇

花還要好久才會開呢。
最近我很喜歡一種只要一天馬上就會開花的花喔！
咦—好厲害！
馬上就會…開的…花！？
咦…
博士——！請讓我看看那種花！
拜託—！
噠噠噠噠噠噠
啊哈哈…
當……當然會給妳看啦，機會難得，就一起製作吧。
尿素
せんたく糊
我們不是要用真正的花，而是用尿素與洗衣粉製作而成的神奇花朵喔。
準備1 筒
紙杯
8cm
10cm
廚房紙巾
8cm
10cm
把2張重疊起來捲成筒狀
用訂書針固定
2~3cm
1cm
完成啦！
用水性筆塗上顏色
稍微往外側折
準備2 杯子
4cm
完成啦！

尿素結晶是非常細小的針狀。
只要在廚房紙巾上染色，
就會產生墨水顏色的結晶。
結晶也有可能會往下垂，
或是在杯子的周圍形成，
就放在小盤子上觀察吧。

要準備的東西

●尿素……2 小匙 ●洗衣粉（成分表上要有寫：PVA 聚乙烯醇的）…… 1/4 小匙 ●熱水……2 小匙 ●紙杯……2 個 ●剪刀……1 把 ●廚房紙巾……1 張 ●訂書機……1 個 ●水性筆……4 ～ 5 個顏色 ●小盤子……1 個

part 5

分離的神奇之處

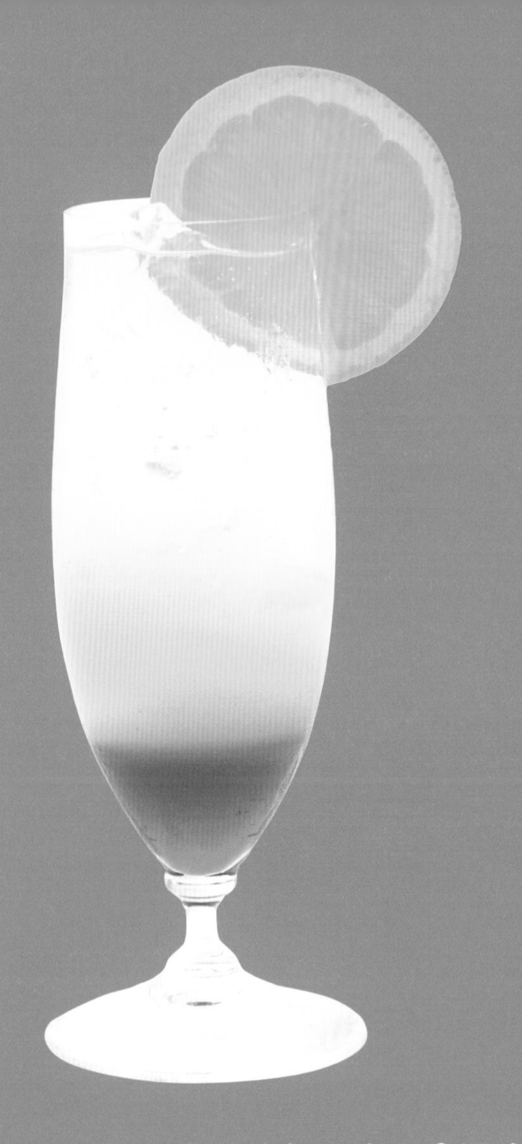

從上方依序加入也不會混合在一起的分層飲料，
以及明明就是把原料混合在一起放入模具中的，
沒想到烤好後就分為三層的蛋糕。
想要漂亮地分層，與「比重」息息相關。
那麼，比重到底是什麼呢……？

很好很好
博士！你把草莓泡在水裡要做什麼啊——？
喔！你們來啦……
我想請你們吃甜的草莓啊。
好吃的草莓中含有很多果糖等帶有甜味的成分，會比較重，因此甜的草莓會沉入水中。
甜味成分
把草莓放入水中，就能分為「甜甜組」與「不甜組」的意思？
嚼嚼
不用吃也能分辨出來，真厲害！
好甜～

即便是同樣的形狀、同樣的量，有時其實重量也不同。這就是比重。
利用比重的差異，來做做看時髦的飲料與神奇的蛋糕吧！
太好了！
好漂亮，想做！

三種 顏色漂亮分層！

分層飲料

忍不住會讓人想拍照，像雞尾酒一樣的飲料。
用喜歡的果汁或是糖漿，
來做出自己原創的分層飲料也非常有趣呢！
如果選用杯口較窄的細長玻璃杯，
從上方注入的果汁就不容易混和，能夠做出漂亮的成品。

材料 ［各 1 人份］

草莓與鳳梨的豆漿

- ☐ 刨冰糖漿（草莓）、鳳梨果汁、豆漿 a……皆適量
- ☐ 冰 b……適量
- ☐ 草莓、鳳梨等……依個人喜好

葡萄蘇打

- ☐ 葡萄汁、氣泡水 c……皆適量
- ☐ 冰 b……適量
- ☐ 糖漿 d……適量

（以 100mL 葡萄汁對 2 大匙為標準）

熱帶蘇打

- ☐ 刨冰糖漿（藍色夏威夷）、柳橙汁、氣泡水 e……皆適量
- ☐ 冰 b……適量
- ☐ 切片柳橙……依個人喜好

器具

- ☐ 細長玻璃杯 a……3 個

製作草莓與鳳梨的豆漿

在玻璃杯中加入 2cm 左右高的刨冰糖漿，把冰塊加入杯中接近全滿。沿著冰塊將鳳梨汁慢慢倒入杯中至 2/3 的高度。

沿著冰塊倒入豆漿，依個人喜好裝飾草莓或鳳梨。

完成啦！

製作葡萄蘇打

在杯中倒入約 1/3 高的葡萄汁，並加入糖漿後加以攪拌。

加入冰塊至接近全滿後，沿著冰塊慢慢倒入氣泡水。

製作熱帶蘇打

在玻璃杯中加入約 2cm 高的刨冰糖漿，把冰塊加入杯中至接近全滿。沿著冰塊倒入柳橙汁至杯中的一半高。

沿著冰塊倒入氣泡水，依個人喜好裝飾柳橙。

時尚！

來試試看吧！
迷你實驗

可以做出上下顛倒的葡萄蘇打嗎？

要做出氣泡水在下、葡萄汁在上的分層飲料，該怎麼做才好呢？重點是糖漿！試著在 100mL 的氣泡水中加入３～４大匙的糖漿後加以攪拌，並將加入的順序顛倒快來做做看吧。

也來做做看
別的果汁吧！
在家中也有
度假氛圍♡

解謎

為什麼果汁不會混合在一起，而是保持分層呢？

如果在葡萄汁中加入氣泡水，馬上就會均勻混合在一起。不過，在加入了糖漿的葡萄汁中倒入氣泡水就不會混合，而是清楚地分為兩層。要注意的重點，在於加了糖漿後改變了「重量」。

假設這裡有兩個裝了水的杯子，只有一杯中溶有砂糖吧。在砂糖完全溶解後，用肉眼無法分辨哪一杯是砂糖水，不過只要量一下重量，應該有一杯會因為砂糖而變重。像這樣，相同體積物質的重量，我們稱為密度，而相對密度就稱為比重。

想要漂亮地做出分層飲料，重點就在於這個比重。從比重重的物體開始依照順序慢慢地加入，比重小的液體就會浮在比重較大的液體上，出現漂亮的分層。加有溶解了許多砂糖的刨冰糖漿與糖漿的葡萄果汁是比重大的液體。另一方面，豆漿 100mL 的重量為 90g，是比水還要輕的液體。為此，即使在鳳梨汁的上方倒入豆漿，也會形成不容易混合的分離層。當想要測量液體的比重時，可以在量杯內準確倒好固定體積的液體，然後測量重量。一邊比較果汁、牛奶和茶等的比重，一邊創作屬於自己的分層飲料也非常有趣喔。

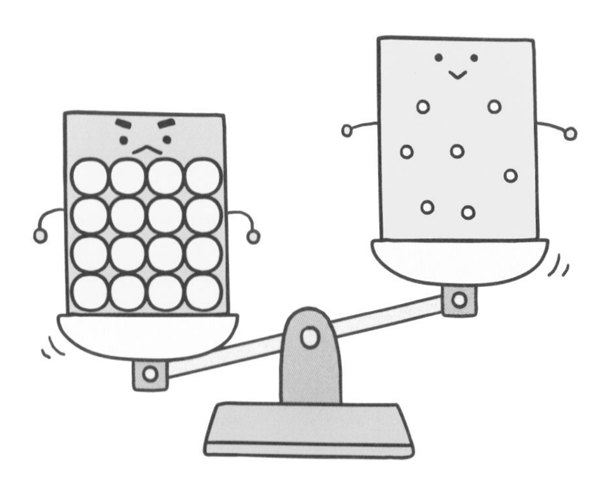

比重越大的液體，使物體漂浮的力量也越強。你有沒有發現相較於泳池，身體在大海裡更容易浮起來呢？由於海水中溶有鹽分，比泳池水的比重大，更容易使身體漂浮。比海水更厲害的，是位於阿拉伯半島的湖泊——死海。在死海中，即便沒有戴泳圈也能使人漂浮。每 1L 死海水中就溶有 300g 的鹽，比重約為海水的 10 倍！連成人也可以輕易地漂浮在水上，非常有趣喔。

將比重的神奇之處進一步實驗！

之後加入的顏色會依序往下沉？彩色水塔

在杯子裡加了越多的糖，杯裡有色糖水的比重就越大。在這個實驗中，裝有比重輕的有色水杯裡，利用吸管加入比重比較大的有色水，使它們重疊。相反地，先加入溶解了大量砂糖的有色水，同樣用吸管灌入比重輕的有色水後會發生什麼事呢？兩種都試試看，更能實際感受比重的差異。

【要準備的東西】●塑膠杯……4 個　●水彩顏料……4 色　●砂糖……6 大匙　●水……適量
●20cm 左右的吸管……1 支　●滴管……3 支　●容量 100mL 左右的細長容器……1 個

1 在杯中加入適量的水，將顏料溶解後做出 4 色的有色水。1 杯什麼都不加，剩下三杯有色水中各自加入 1 大匙、2 大匙、3 大匙的砂糖後加以攪拌。

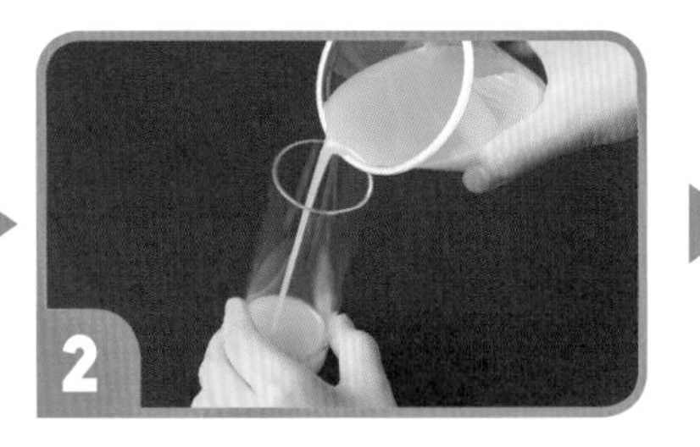

2 將沒有加入砂糖的有色水倒入細長容器中約 1cm 高。

3 把吸管插入容器底部，再用滴管加入 1cm 高溶有 1 大匙砂糖的有色水。

4 同樣用另一個滴管加入 1cm 高溶有 2 大匙砂糖的有色水。

5 同樣用另一個滴管加入 1cm 高溶有 3 大匙砂糖的有色水。

注意不要移動吸管

為了不要使有色水混合在一起，吸管要確實插入容器底部，並且不要移動吸管。只要改變溶解的砂糖分量，便能增加更多顏色。來挑戰製作多彩的有色水塔吧！

我想做7種顏色，像彩虹一樣的有色水塔！

只是混合在一起烤，就能分成三層！？

魔法蛋糕

最上層是鬆軟的舒芙蕾，中間是糊糊的卡士達，
而最下層的口感彷彿是微硬的布丁。
一次能品嘗三種美味，是來自法國的蛋糕。
在烤的過程中，烤箱中正在發生什麼事呢？

材料 [直徑 15cm 的圓形模具 1 個份]

- ☐ 蛋 a……2 顆
- ☐ 砂糖 b……60g
- ☐ 奶油 c……60g
- ☐ 低筋麵粉 d……60g
- ☐ 香草油 e……少許
- ☐ 牛奶 f……250mL
- ☐ 糖粉……依個人喜好

器具

- ☐ 直徑 15cm 的圓形模具（有底部的類型）a……1 個
- ☐ 烘焙紙 b……適量
- ☐ 碗 c……大、中各 1 個
- ☐ 奶泡器 d……1 支
- ☐ 橡膠刮刀 e……1 支
- ☐ 篩子 f……1 個
- ☐ 方形盤（深度 3cm 左右的）g……1 個
- ☐ 竹籤 h……1 支
- ☐ 耐熱容器……2 個

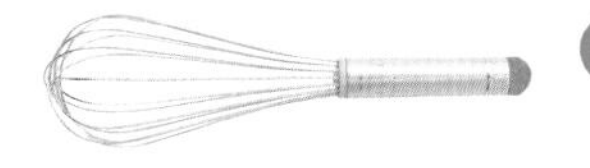

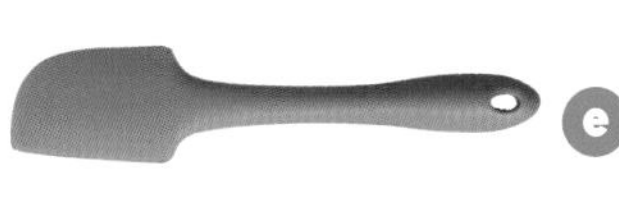

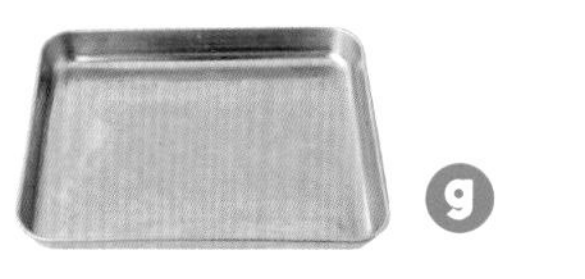

可以吃的實驗開始！

準備

在模具中塗上奶油（分量外），貼上烘焙紙。側面要比模具高出 2cm。

製作生麵團

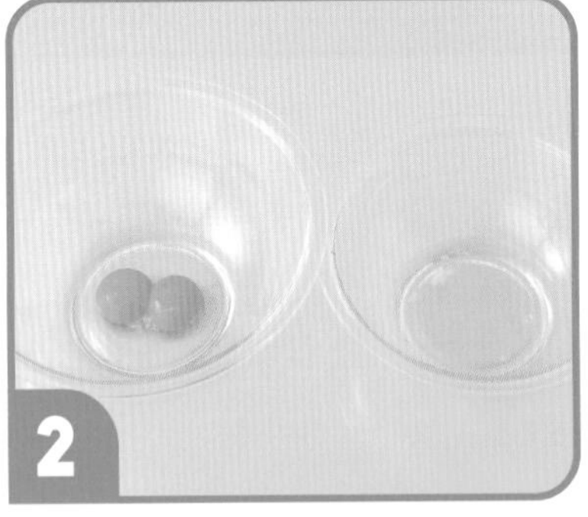

在大碗中加入 2 個蛋黃，中碗中加入 2 顆蛋的蛋白。

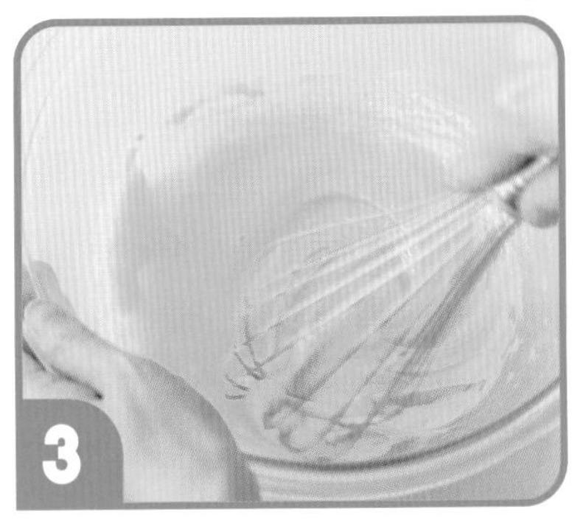

用奶泡器攪拌蛋黃，加入 40g 砂糖後進一步攪拌至變白。

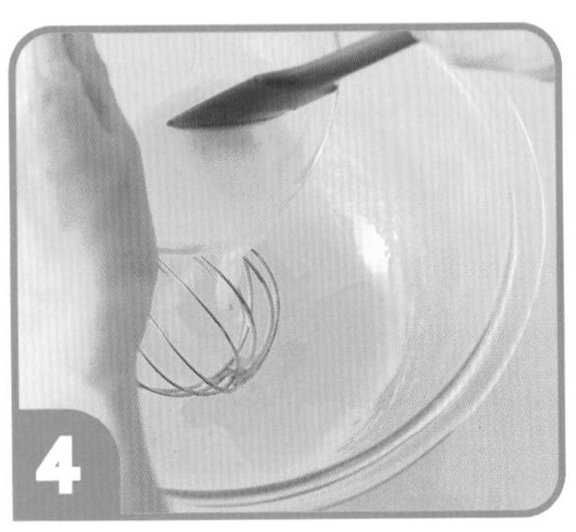

在耐熱容器中加入 60g 奶油，用微波爐加熱 40～50 秒使奶油融化後加入 **3** 中加以攪拌。

將 60g 低筋麵粉過篩後加入容器中。

仔細攪拌至有光澤後，加入 3 滴香草油繼續攪拌。

製作蛋白霜

在放有蛋白的碗中，加入一小撮剩餘的砂糖。

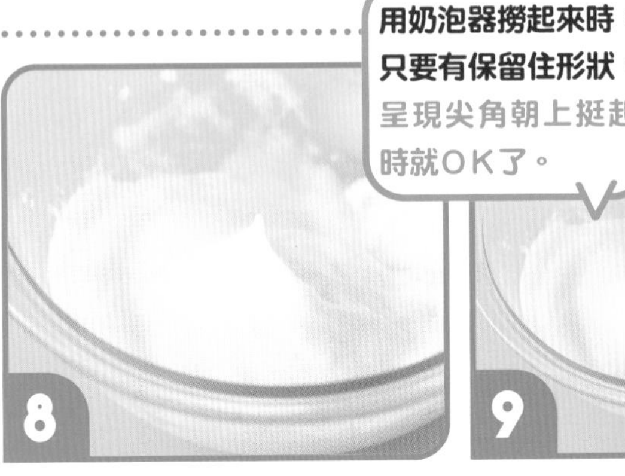

8
用奶泡器撈起來時，
只要有保留住形狀，
呈現尖角朝上挺起
時就OK了。
9

用奶泡器打發至尖角朝上挺起。

加入剩餘砂糖的一半繼續打泡，直到尖角朝上挺起後，再加入剩下的砂糖打泡。

準備烤箱

將烤箱**預熱 160 度**

加入牛奶

10

在耐熱容器中加入 250mL 的牛奶，用微波爐加熱 1 分鐘直到比體溫稍高的溫度即可。將 1/4 的牛奶加入 **6** 後攪拌，再加入剩餘的牛奶加以攪拌。

攪拌蛋白霜

11

加入 **9** 的蛋白霜，為了不破壞泡泡，要從底部翻起來攪拌 7～8 次。等到表面浮出蛋白霜的團塊就可以了！

烤

12

將生麵團倒入 **1** 的模具中，放在方形盤上後倒入高度約 2cm 的熱水。放進預熱 160 度的烤箱上層烤 35 分鐘。

13

烤至竹籤上會黏有一點點麵團的程度為標準。

14

確實冷卻後放倒模具，慢慢地抽出側面的紙。

請慢用♥

用熱過的菜刀切塊，
按個人喜好撒上糖粉。

解謎

為什麼可以分成軟綿綿、黏糊糊和綿密呢？

魔法蛋糕能分成三層的理由，可以用比重與導熱方式這兩點來說明。

魔法蛋糕的麵團大致上是由兩大步驟製作而成的。首先是將蛋黃與砂糖、奶油、麵粉攪拌在一起，接著加入充分打發的蛋白霜後徹底翻攪，再倒入模具中。由於蛋白霜中充滿空氣，比重較輕，倒入模具後會浮在上層。因此，最上層剛烤好時，會變成軟綿綿的舒芙蕾。

要將第二層與第三層分開，重點在比重與熱這兩點。在蛋黃、砂糖、奶油、麵粉和牛奶的麵糰中，麵粉並不會溶解，而是以極小的顆粒狀漂浮在其中。在烤的過程中麵粉會向下沉，模具底部的麵團會聚集比較多麵粉的顆粒。此外，模具的底部會直接與方形盤中的熱水接觸。液體的導熱性比氣體好，所以蛋糕的最下層能被充分加熱後變硬。

另一方面，熱會緩慢、柔和地傳到第二層。方形盤的熱水蒸發後形成水蒸氣，充斥在烤箱當中。水在變成氣體時會吸取周遭的熱，因此蛋糕在水蒸氣中加熱會比直接用烤的更加穩定。這就是中間這一層會變成像半熟卡士達般黏糊狀的原因。

那麼，關於利用比重的知名故事，就一定要說說阿基米德與王冠的小故事。古代希臘科學家阿基米德被命令要在「不破壞王冠的情況下證明王冠是否為純金」。阿基米德將王冠，以及跟王冠等重的金塊分別放入水中。於是，放入了王冠的水槽溢出了大量的水。如果有相同重量的相同物質，溢出的水應該也是相同的。因為這個實驗，阿基米德看破了「王冠裡有混入其他東西」。

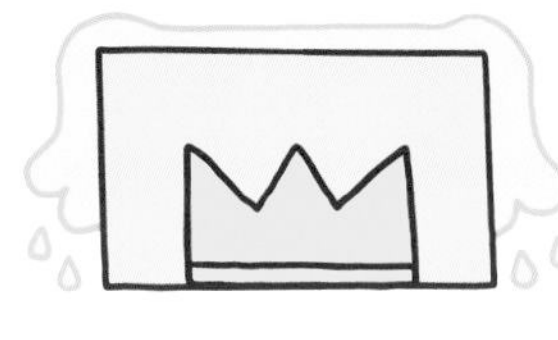

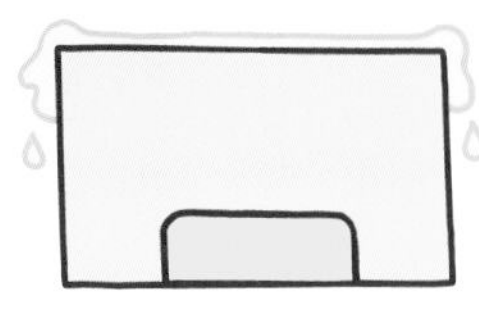

將分離的神奇之處進一步實驗！

只要搖晃就能完成！手工奶油

只要努力不懈地搖晃鮮奶油，脂肪和水就會分離。將分離出來的脂肪加以融合而成的東西，就是奶油。一旦寶特瓶沾了水，鮮奶油就無法順利分離了。準備好確實乾燥過後的寶特瓶吧！此外，為了不要因為手的熱度導致奶油融化，一邊冷卻一邊搖晃是重點！

【要準備的東西】●鮮奶油（脂肪45%以上）……100mL ●保冷劑……1～2個 ●毛巾……1條 ●洗淨並充分乾燥過的500mL寶特瓶……1個 ●剪刀……1把 ●橡皮筋……2條

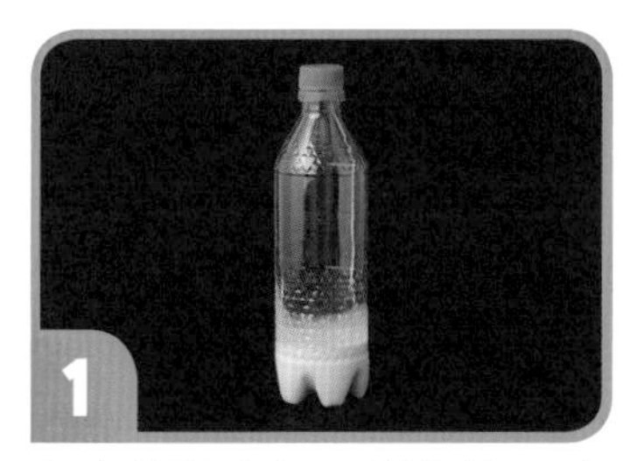

1 在寶特瓶中加入鮮奶油，確實封緊瓶蓋。

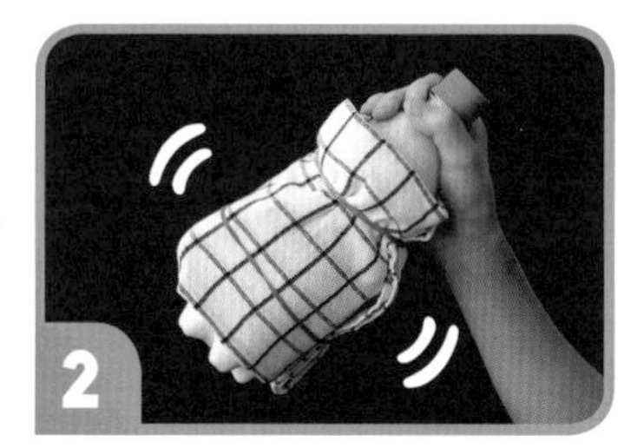

2 將保冷劑覆蓋在寶特瓶外，包上毛巾，用橡皮筋固定後上下搖晃。

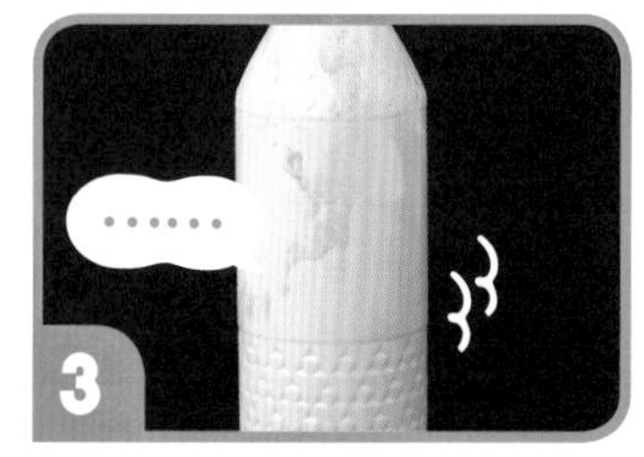

3 搖到鮮奶油變硬黏在寶特瓶內側，搖也沒有聲音為止。

4 即便沒有聲音了，也不要取下毛巾繼續搖晃。一段時間過後，又會開始發出沙沙的聲音。

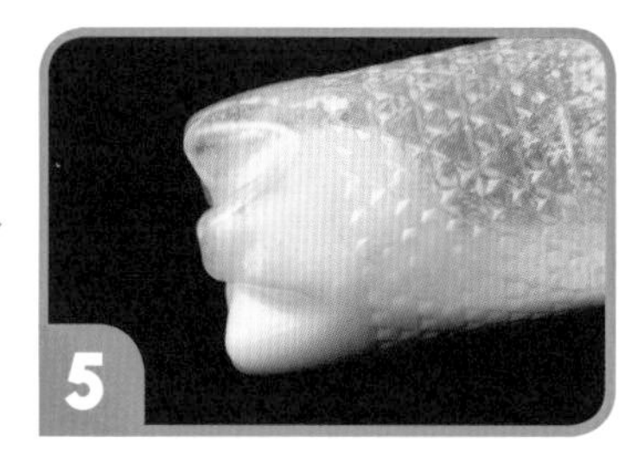

5 分離出奶油色的固體與水分後就完成了。剪掉寶特瓶，取出奶油。

新鮮奶油完成！

剛做好的奶油入口即化，太棒了！要放冷藏室冷藏，2天內吃完。

用牛奶也能做奶油嗎？

由於乳脂肪比水輕，剛擠完的牛奶放一段時間後，脂肪就會在上方結塊。市售的牛奶都經過處理，將脂肪的顆粒縮小，就不會凝固了。因此，無論怎麼搖晃牛奶，都是不會變成奶油的。

分離的神奇之處 特別實驗

「浮起來的乒乓球」篇

阿基米德真是厲害耶。
竟然因為黃金比其他金屬重，破解了用肉眼無法辨別的謊言呢。
你們知道淘砂金嗎？這個技術也是利用了黃金比重比較大這件事喔。
淘砂金？
嘿咻 嘿咻
這種感覺？
在專用的盤子中放入混有砂金的沙與水後搖一搖，比重大的黃金就會往下沉。
沙沙
只要搖晃盤子，沙子懸浮在水裡，變得像液體一樣。
沙
沙沙
沙沙
砂金
這個現象稱為
土壤液化。
沖掉上面的沙子後，最後剩下的就是砂金喔。
喔—！
閃閃發光
想要得到許多砂金的訣竅，就是仔細搖晃盤子讓沙子漂在水裡！
沙沙
沙沙
沙沙
沙沙
噹噹
那麼，現在就開始……
突然就開始了！
實驗時間！

這個實驗的祕訣在於要確實地晃動米。
比米輕的乒乓球會浮起來。
相反地，在米上放小鐵球，
同樣用電動牙刷去碰，
比米重的鐵球就會逐漸下沉喔。

要準備的東西

- 量杯……1 個
- 乒乓球……1 個
- 米……適量
- 電動牙刷……1 支

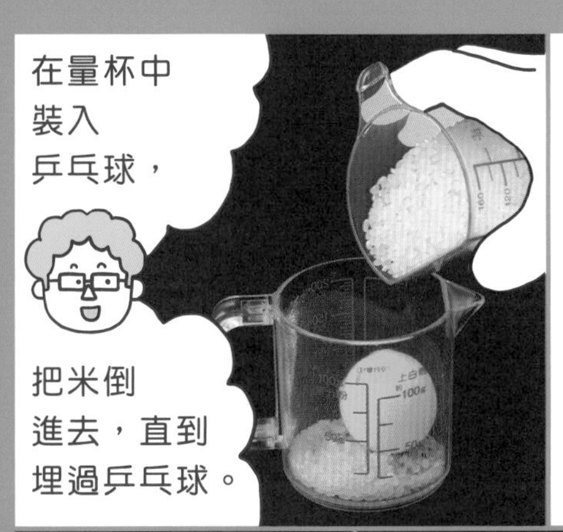

在量杯中裝入乒乓球，
把米倒進去，直到埋過乒乓球。

接著，用電動牙刷的背面碰觸杯子。

好的！
震震震…

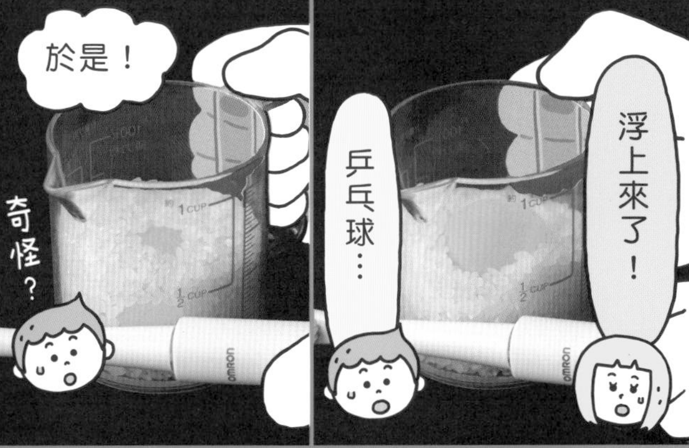

於是！
奇怪？
乒乓球…
浮上來了！

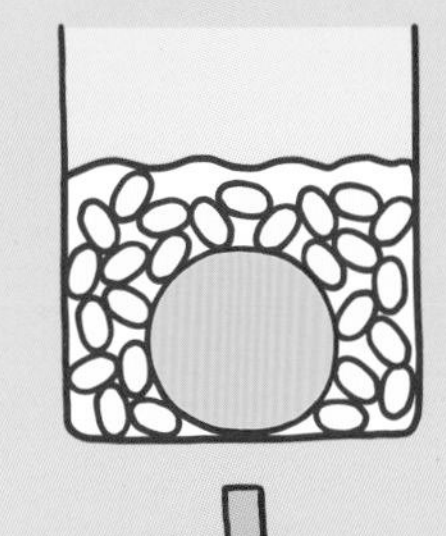

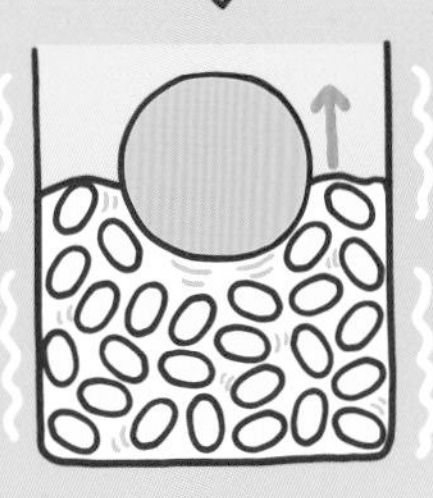

透過電動牙刷的震動，米就會像水一樣動起來，比米輕的乒乓球就浮上來了。
震震震…

冒出!!
出現了！
浮起來了！

我們知道祕訣了，博士！
我們去淘砂金啦！
要淘一大堆喔！♡
沙沙沙沙

變成別種東西!?的神奇之處

即使水變成冰或水蒸氣，
其性質也不會改變。
然而，在料理或理科的實驗中，
有可能會發生使材料性質完全改變的「化學變化」。
一起來享受不知不覺變成別種東西的神奇之處吧！

嗚哇……
主角因為魔法變成另一個人了，這下糟了。
可怕魔法的故事
再怎麼說現實不會發生這種事啦。
這是故事裡的世界呢。
嗯
也不能這麼斷言喔。
就連你們最喜歡的點心，材料的性質也有可能在製作過程中完全改變喔。
冒出
入口即化的柔軟巧克力，
變成又脆又蓬鬆的空氣巧克力了！
到底發生什麼事了！?

用困難的詞來說，
就是「化學變化」。

透過組合溫度與材料，來做做看會變化成別種點心的實驗吧。

得注意不要看漏哪裡產生變化呢！

OUT
TAKE
TAKE

酥脆口感真開心♪

空氣巧克力

酥脆口感使人非常開心的空氣巧克力。
打開來看，就會發現裡面有許多小孔洞。
讓巧克力口感完全改變的原因，
在於只加入一點點的小蘇打粉以及用微波爐微波！
小蘇打粉會產生什麼變化呢？

材料 [3 個份]

- ☐ 板塊巧克力（苦味的）ⓐ……2 塊（100g）
- ☐ 小蘇打粉（食用）ⓑ……2/3 小匙
- ☐ 水ⓒ……2/3 小匙
- ☐ 鮮奶油（市售）ⓓ……適量
- ☐ 冰淇淋甜筒（底部是平的類型）ⓔ……3 個
- ☐ 彩色糖粉、銀色糖粉……依個人喜好

器具

- ☐ 耐熱碗ⓐ……1 個
- ☐ 橡膠刮刀ⓑ……1 支
- ☐ 小容器ⓒ……1 個
- ☐ 矽膠烤杯（直徑 6～7cm）ⓓ……3 個
- ☐ 湯匙ⓔ……1 支

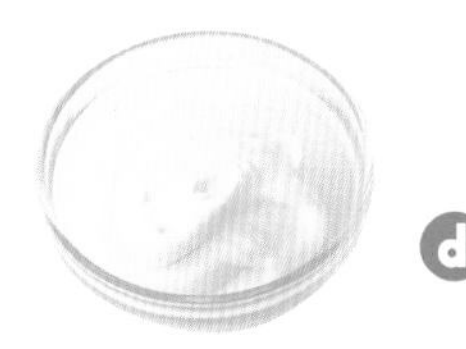

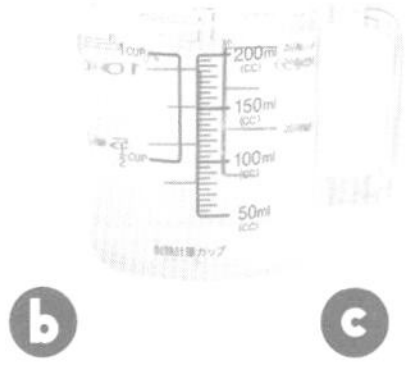

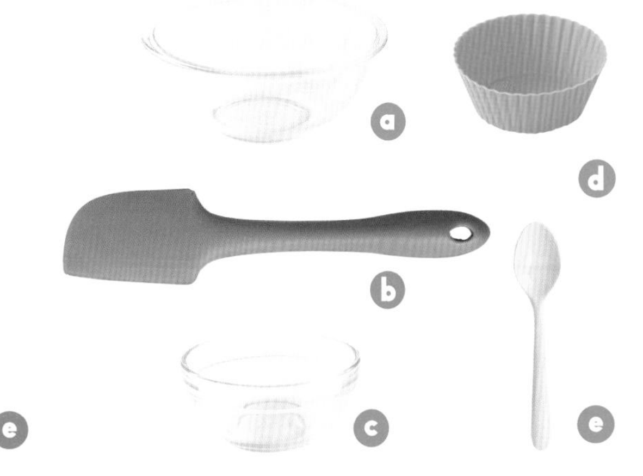

可以吃的實驗開始！

融化巧克力

1

在耐熱碗中放入兩片板塊巧克力並折成一塊塊，再使用微波爐加熱 1 ～ 1 分 30 秒。

拿出來的時候大約融化一半就可以了！如果加熱至完全融化就會燒焦，還請多加注意。

2

用橡膠刮刀慢慢攪拌至巧克力完全融化。

加入小蘇打粉

3

在小容器中加入 2/3 小匙的水，再加入 2/3 小匙的小蘇打粉後迅速攪拌。

4

趁巧克力還熱時一口氣把 **3** 加入 **2** 中，迅速攪拌。

倒入杯中

5

馬上將巧克力平均倒入矽膠烤杯中。

6

輕輕地將表面撫平。表面超光滑！

用微波爐微波

7

用微波爐加熱 1 ～ 1 分 30 秒後，就這樣消除餘熱。

冷卻

在冷藏室中冷卻 10 ～ 15 分鐘。

加熱時要在微波爐前確認！

只要表面的巧克力開始融化膨脹後拿出來就OK了。過度加熱會燒焦喔。

裝飾

8

在甜筒中加入適量的鮮奶油，把從杯中取出的 **7** 放上去。

依個人喜好在巧克力上裝飾奶油、銀色糖粉和彩色糖粉吧！

完成啦！

如果想要手工製作鮮奶油…

在碗中加入 100mL 的鮮奶油與 1/2 大匙的砂糖，一邊浸在冷水中一邊用奶泡器打發。打發至差不多有柔軟的尖角朝上挺起就可以了。

解謎

為什麼巧克力會變得酥脆又柔軟呢？

從微波爐中拿出來的巧克力，比加熱前更為蓬鬆。表面可以看見顆粒狀的小洞，吃下去既酥脆又鬆軟！可以享受神奇的口感。

使這個空氣巧克力膨脹的，是從小蘇打粉中產生的二氧化碳。說到小蘇打粉與二氧化碳，在彩色碳酸糖（p.12）中也有出現呢。在碳酸糖篇的實驗中，小蘇打粉溶於水後和檸檬酸反應，產生二氧化碳、水和檸檬酸鈉。這次的空氣巧克力，關鍵同樣是小蘇打粉與二氧化碳。不過，二氧化碳產生的方法可不同。重點在於熱！只要加熱小蘇打粉（碳酸氫鈉），小蘇打粉的結構就會被破壞，分解成二氧化碳、水和碳酸鈉這三種物質。因為加熱才分解的，這種變化又稱為「熱分解反應」。

小蘇打粉熱分解後所產生的二氧化碳，比小蘇打粉加檸檬酸產生的二氧化碳少，不過要使巧克力膨脹已經很足夠了！靠二氧化碳膨脹的巧克力冷卻後就會直接凝固，口感清爽的空氣巧克力就完成啦。

熱分解所產生的檸檬酸鈉為鹼性，舔一口就會有獨特的苦味。不過，只要與苦味的巧克力混合在一起就不會察覺了。這個食譜使用了小蘇打水，但要是改用 2/3 小匙的小蘇打粉與檸檬汁後迅速攪拌立刻加入巧克力裡，也能做出空氣巧克力。試著製作小蘇打水版本，以及小蘇打粉 ＋ 檸檬汁版本來吃吃看，相互比較吧！

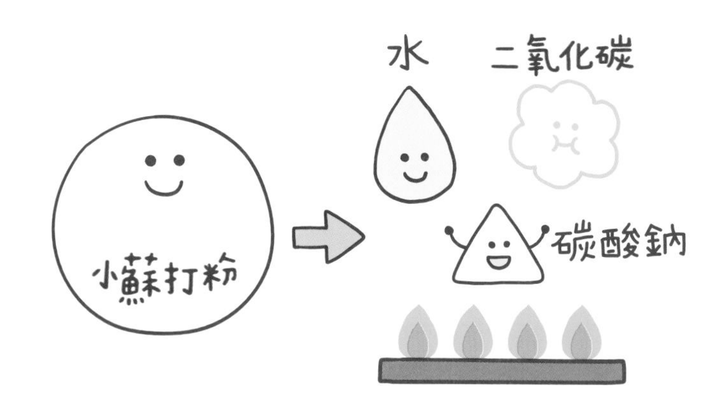

來調查看看吧！

來做椪糖吧

加熱至 125 度的糖液是椪糖不會失敗的祕訣。

古早味點心「椪糖」，也應用了小蘇打粉的熱分解。製作方法很簡單！首先將各 1 大匙的蛋白與小蘇打粉加以攪拌後，做出雪酪狀的小蘇打蛋。在勺子裡加入 4 大匙的砂糖、2 小匙的水後用火烤，用筷子夾住溫度計邊攪拌邊加熱至 125 度。離開火源約 20 秒後，在筷子尖端沾點小蘇打蛋，激烈攪拌 20 秒！等糖液變重後就把筷子拿起來吧。轉眼間就會膨脹變成椪糖♪

※ 由於勺子是金屬製的，就使用把手有被包覆住的吧。也有椪糖專用的勺子。

來調查看看吧！

什麼是「化學變化」呢？

前後性質完全改變，就是「化學變化」。

水無論是變成冰還是水蒸氣，水原本的性質並不會改變。砂糖加入水溶化後就看不見了，不過一旦水分蒸發，又會再度結晶化而出現。不管是溶於水中的狀態、乾燥的粉末狀態，兩者都還是砂糖，並沒有改變。這種變化稱為「物理變化」。另一方面，也有像小蘇打粉的熱分解一般，加熱前與後性質完全改變的變化。這種變化稱為「化學變化」。

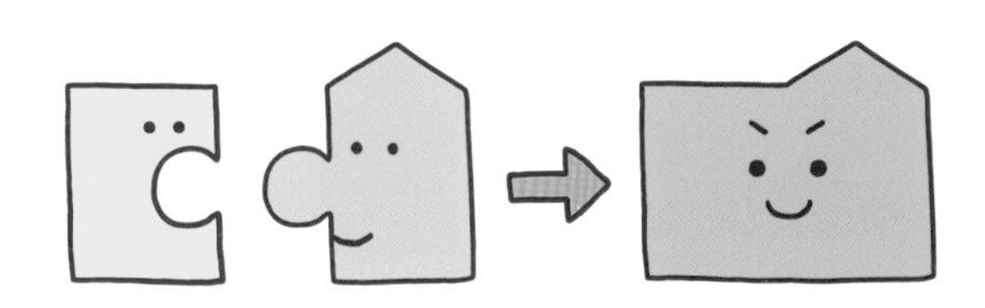

放入瓶中持續加熱後……？

3小時

不苦的焦糖奶油

將煉乳用熱水持續加熱後，明明沒燒焦，還是會變成焦糖色。
跟一般的焦糖醬不同，會變成沒有苦味又醇厚的奶油。
香甜的香味會帶來幸福，來挖掘黏糊奶油的祕密吧！

材料 ［容易製作的分量］

- ☐ 煉乳（條裝式）ⓐ……1支（120g）

ⓐ

器具

- ☐ 耐熱的密封玻璃瓶（容量80～90mL的）ⓐ……1個
- ☐ 夾子ⓑ……1支
- ☐ 鍋子ⓒ……1個
- ☐ 湯匙ⓓ……1支
- ☐ 乾淨的毛巾ⓔ……1條
- ☐ 廚房紙巾ⓕ……適量

為了在過程中能夠方便攪拌，請準備瓶口大的

ⓐ

ⓑ

ⓒ

ⓓ

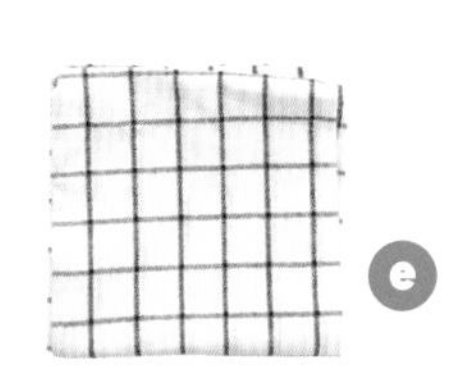
ⓔ

ⓕ

可以吃的實驗開始！

消毒瓶子

1 在鍋子中放入瓶子與能蓋過瓶子的水後開火，使其沸騰 5 分鐘。瓶蓋要在熱水中浸泡約 5 秒。

2 取出瓶子與蓋子，把瓶口朝下放在毛巾上，就這樣放置到全乾。

準備蒸煮

3 在瓶子中倒入一整支煉乳後蓋緊蓋子。

4 在鍋子底部鋪上摺起來的廚房紙巾，放上 3，加水至接近瓶蓋下方。

開火

開中火，等煮開後轉文火，用稍微會冒出一點點小泡泡的火候加熱。

為了不要忘記檢查的時間，設個定時器吧！

開火的時候務必要有人在旁邊看火喔。

來觀察吧

持續用文火加熱。過程中要加熱水並攪拌瓶子的內容物使加熱平均。

1 小時後

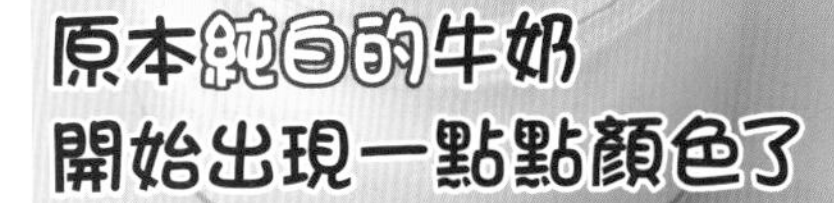

原本純白的牛奶
開始出現一點點顏色了

2 小時後

開始變成淺淺的咖啡色，黏稠度也變強了！

3 小時後

變成焦糖色了！
味道好香～♡

各種美味的吃法♥

等完全冷卻後蓋上瓶蓋，保存在冷藏室中。一週內要吃完喔。無論是塗在吐司上還是淋在優格或冰淇淋上都很好吃喔！

完成啦！

解謎

為什麼明明沒有燒焦，煉乳卻變成咖啡色的呢？

所謂的煉乳，是在牛奶中加入砂糖後濃縮而成的乳製品。其帶有黏稠性，淋在草莓或刨冰上吃起來相當美味對吧？那麼，在這次的實驗中，我們將煉乳裝入瓶中後浸泡在熱水裡。結果，顏色從白色慢慢變成咖啡色了！而且味道更濃郁，還會飄出好聞的香味。浸泡在熱水裡的這三小時中，究竟發生了什麼事？

煉乳的顏色之所以產生變化，自然不是因為「燒焦了」。無論煮多長的時間，熱水中的食物也不會燒焦。會變成黃褐色的理由，是因為產生了名為梅納反應的化學變化。透過加熱，煉乳中的蛋白質與糖分結合，產生了名為梅納汀這個新的成分。梅納汀的顏色是深咖啡色，當梅納汀的量漸漸增加，煉乳的顏色也開始出現變化。

梅納反應是身邊、每天在餐桌上都會看到的化學變化。舉例來說，烤得吱吱作響的牛排或烤魚、口感酥脆的土司或餅乾、脆香的炸豬排、香噴噴烘焙過的咖啡豆與巧克力，甚至連葡萄乾的顏色，都是因為梅納反應所引起。

此外，梅納反應也可能隨著時間經過慢慢地進行。味噌與醬油的顏色，實際上也都與梅納反應有關。可說「美味食物的背後都有梅納反應」啊！

我們已知梅納反應所產生的梅納汀具有使身體細胞不會氧化的功能。不過，如果烤過頭導致溫度過高，就不是引發梅納反應而是「碳化」，燒焦變成碳了。烤焦的部分除了苦以外，對身體也不好。為了把肉和魚烤得好吃，最重要的是一邊持續進行梅納反應，並在燒焦碳化前關火！能確切掌握料理時間是邁向大廚之路上的重要關卡。

將變成別種東西的神奇之處進一步實驗！

白蘿蔔能使太白粉變甜？白蘿蔔麥芽糖

白蘿蔔中富含一種名為澱粉酶的消化酵素。口水中也含有澱粉酶，具有分解白飯等澱粉的功能，促進消化。在這個實驗中，白蘿蔔中的澱粉酶會分解太白粉中的澱粉，做出風味豐富的「麥芽糖」。成功的重點在於「溫度」與「時間」！

【要準備的東西】●太白粉……30g ●水……400mL ●白蘿蔔的尾部（帶皮）……200g ●溫度計 ●熱水瓶（容量 500mL 的） ●刨絲器 ●廚房紙巾 ●碗 ●鍋子 ●橡膠刮刀 ●長勺，或是湯勺

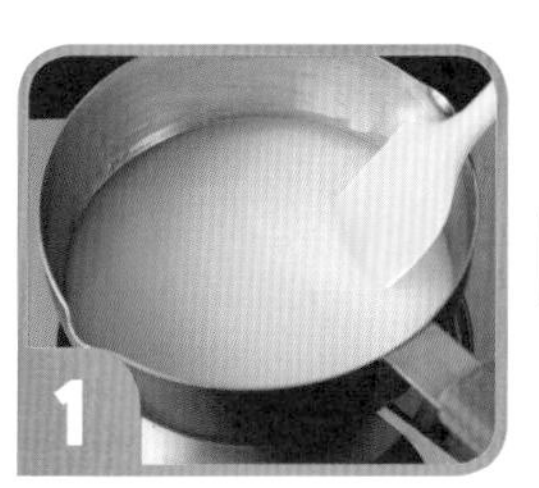

1 在鍋中加入水與太白粉並充分攪拌後開中火。

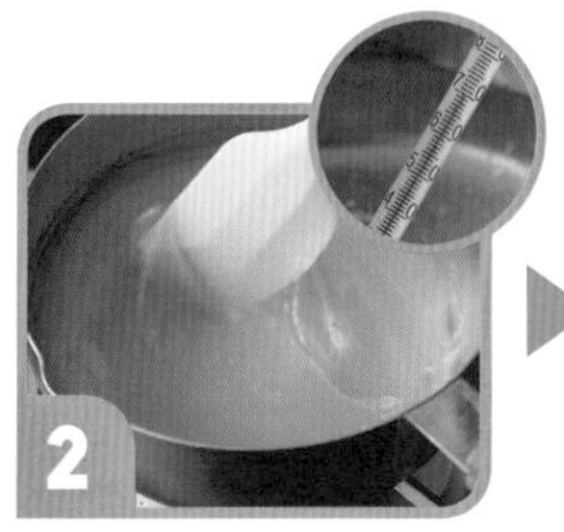

2 用弱火煮至透明黏糊狀後關火，降溫到 70 度。

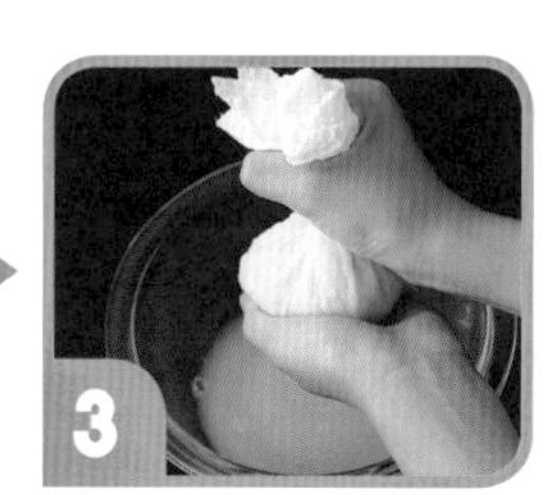

3 將白蘿蔔刨碎後用廚房紙巾包住用力將汁擠出來。

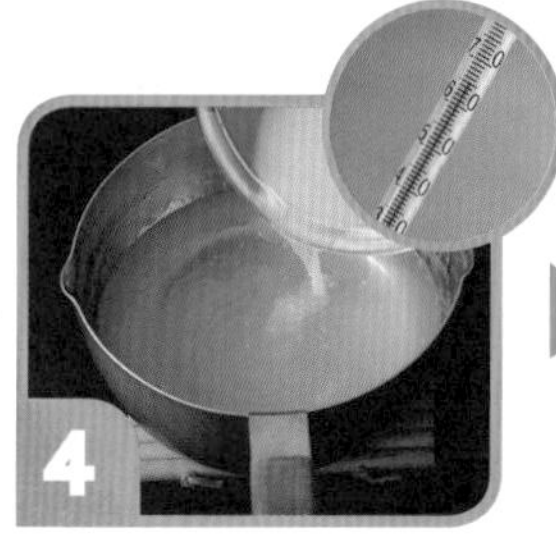

4 在 2 中加入 3 擠出來的蘿蔔汁後加以攪拌，放涼到 65 度左右。

5 倒入保溫瓶中，蓋緊瓶蓋放置 24 小時。

6 在深鍋中加入 5，一邊撈去浮沫一邊用中火煮 20 分鐘左右。

7 撈去浮沫並煮乾後轉弱火，用橡膠刮刀攪拌。

8 等變成咖啡色且帶有黏性後關火。

保持溫度在 60 度左右

放入保溫瓶時還黏糊糊的液體，過了一天就變得清爽了。這就是澱粉酶將太白粉中的澱粉分解了的證明。澱粉酶在溫度過高或過低時都無法順利發揮功能，保溫在 60 度左右是重點。

來用同一種果凍液做兩種甜點吧

Q彈的果凍＆水果果凍湯

將酸甜的檸檬果凍液分為有放水果的一杯，
以及沒有放任何東西的一杯，使其凝固。
沒想到，有放水果的那杯竟然不會凝固……！
不僅如此，隨著時間經過黏稠感也消失了，這是為什麼呢？

材料［容量 160mL 的杯子 5 個份］

- ☐ 鳳梨、奇異果 a ……加起來 80g
- ☐ 砂糖 b ……120g
- ☐ 吉利丁粉 c ……2 袋（10g）
- ☐ 檸檬汁 d ……4 大匙
- ☐ 水 e ……400mL
- ☐ 薄荷葉、切片檸檬……依個人喜好

器具

- ☐ 模具（星型）a ……1 個
- ☐ 砧板與菜刀 b ……各 1 個
- ☐ 小容器 c ……1 個
- ☐ 竹籤 d ……1 支
- ☐ 鍋子 e ……1 個
- ☐ 橡膠刮刀 f ……1 支
- ☐ 碗 g ……大、中各 1 個
- ☐ 冰 h ……適量
- ☐ 長勺，或是湯勺 i ……1 支
- ☐ 容量 160mL 的杯子 j ……5 個

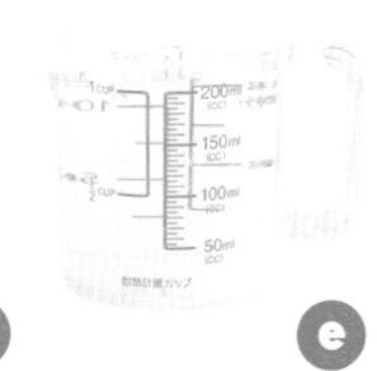

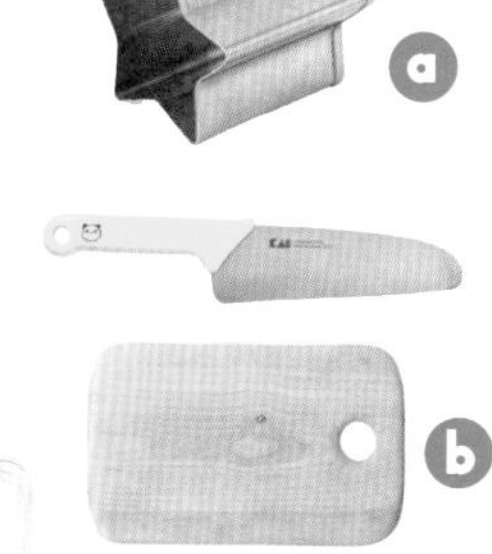

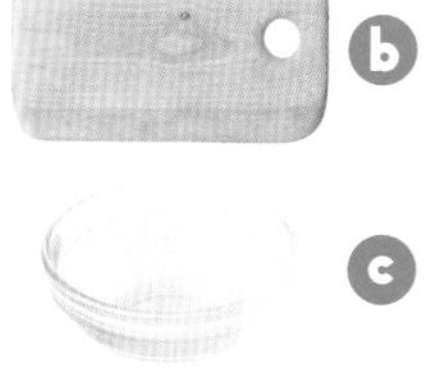

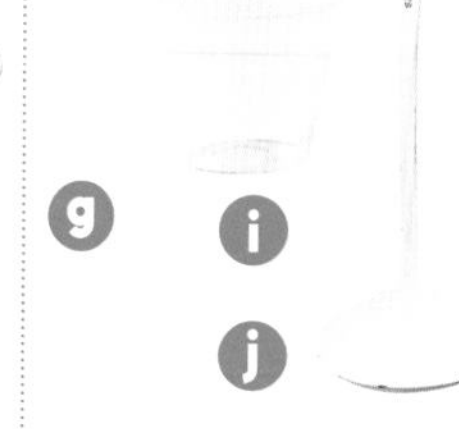

切水果

1

將奇異果切片，用模具壓成星星狀後，剩下的切成 1cm 的塊狀。鳳梨切成 1cm 的塊狀。

製作果凍液

2

在小容器中加入 4 大匙的水、2 袋吉利丁粉後用竹籤攪拌，放置 5 分鐘以上。

3

在鍋中加入 100mL 的水與 120g 的砂糖，開中火一邊攪拌。等冒泡後就關火。

4

加入 2，用橡膠刮刀攪拌至完全融化。

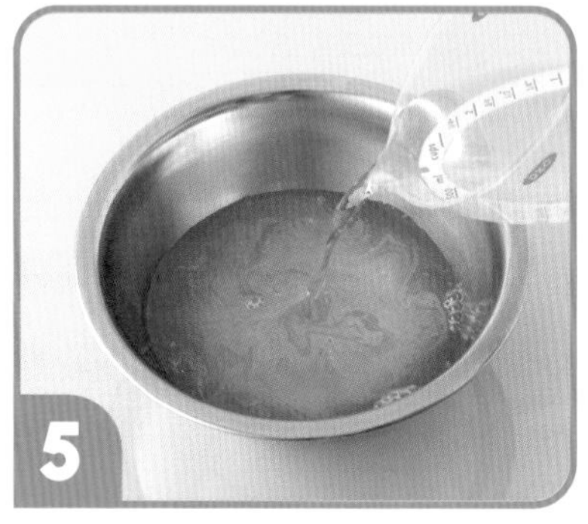

5

放到不銹鋼碗中，加入 240mL 的水與 4 大匙的檸檬汁。

6

浸在冰水中，用橡膠刮刀攪拌至出現黏稠感。以撈起來時會啪搭啪搭地掉落為準。

裝入杯中

7

在冷藏室冰一小時以上

在兩個杯中平均加入 1 的水果，把 6 裝進杯子至八～九分滿。剩下的三個杯子裡只倒入果凍液。

用熱毛巾包住杯子，為了讓空氣進入與果凍之間的縫隙，要用手指輕壓，並把杯子上下顛倒放在盤子上。壓住盤子與杯子上下晃動幾次後，就能順利取下！

Q彈

清爽～

有放水果的那邊處處都有果凍塊，成了果凍湯！

解謎

為什麼放進水果後，果凍就不會凝固呢？

果凍之所以會凝固，是由於吉利丁中的蛋白質——膠原蛋白鏈交織在一起形成一個網狀結構，把水分封住的關係（p.87）。然而，一旦放入奇異果或鳳梨後，果凍就無法順利凝固了。這是因為，杯中出現了「膠原蛋白變得不再是膠原蛋白的現象」。

奇異果與鳳梨中含有許多會分解蛋白質的酵素。這種酵素也會分解蛋白質之一的膠原蛋白，而膠原蛋白被剪短後，就無法互相交纏在一起了。即便確實冷卻也無法凝固，是因為酵素分解導致膠原蛋白失去了特性。那麼，來比較看看在冷藏室中冰一小時的果凍湯與冰到隔天的果凍湯吧。經過一段時間的果凍湯中，原本到處都有的塊狀果凍塊應該會消失，變成清爽的果汁。由此可知，拉長冷卻的時間，水果分解膠原蛋白的反應持續進行。

水果分解蛋白質的能力也能應用在料理上。譬如醃漬硬的肉時加入奇異果，肉就會變比較軟嫩，理由正是因為肉中的蛋白質被分解了。只要使用這個技巧，便宜的肉也能變身為高級牛排！吃吃看有用水果醃過的肉跟沒有醃過的肉來互相比較也不錯喔。

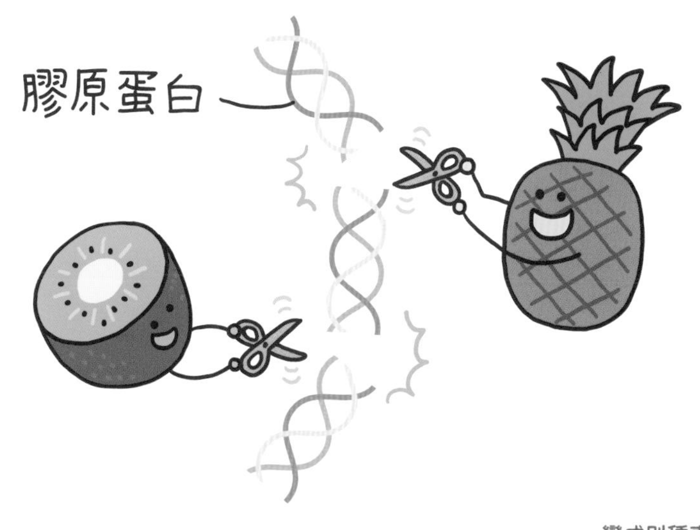

變成別種東西！?
的神奇之處
特別實驗

「用醋就能讓黃金糖變更甜！?」篇

我們做了
各種「好吃的
實驗」呢。
全部都很美
味又有趣！
不過這本書馬上
就要結束了呢——
好寂寞啊。
喝
實驗之路沒有終點！
冒出！
實驗之路
仔細觀察我們
的生活，
就會發現很多
神奇又有趣的
事物！
我希望你們能
一直保有實驗
精神！
好的！
博士
好帥！
實驗之路
大聲說話肚子
都餓了呢，
來做個
甜——甜的
實驗吧。
嘿嘿嘿
用砂糖跟水簡單
就能做的黃金糖，
只要加一點醋就會變得
更甜更好吃喔。
醋
噹噹
要用電爐來做喔！

只要加醋，就會比只用砂糖與水做的黃金糖更帶有突出的甜味，形成風味絕佳的糖果。
這是由於醋中的「醋酸」分解了砂糖！
來吃吃看，比較、確認一下吧。

要準備的東西

- 砂糖……4 大匙
- 水……2 大匙
- 醋……適量
- 厚的鋁箔杯……4 個
- 滴管……1 支
- 電爐……1 臺

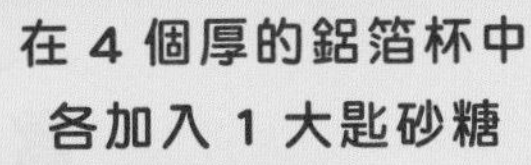

在 4 個厚的鋁箔杯中
各加入 1 大匙砂糖

各加入 1/2 大匙的水

這邊什麼都不加

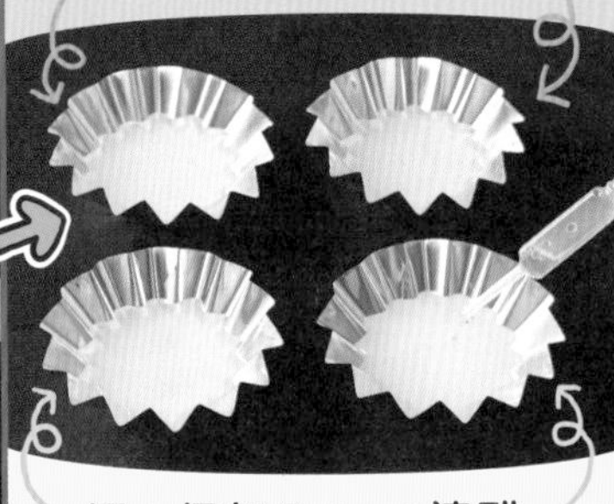

這 2 個加入 2～3 滴醋

真的不會變酸嗎？

打開電爐的開關

等變成這個顏色就完成囉。
顏色變濃了

用鍋鏟等鏟起後放在溼毛巾上，等待冷卻。

砂糖的主要成分——蔗糖被醋裡的醋酸分解後，變成了葡萄糖與果糖。
葡萄糖與果糖比蔗糖更甜。
來吃吃看比較一下沒加醋與有加醋的糖果吧。

好甜～

好好吃～

料理就是科學！今後也來尋找身邊的神奇之處吧！

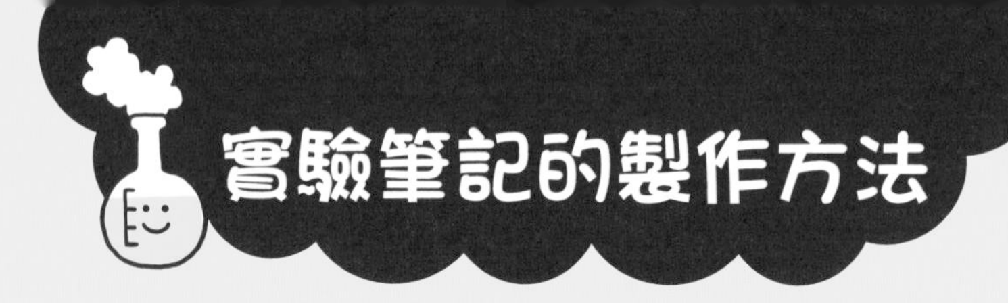

只要有留下實驗記錄，下次做相同實驗時就能比較，
也能成為替換材料時的參考，很有幫助的。
若努力用自己的方式做出實驗筆記，這也能成為自由研究的報告喔。

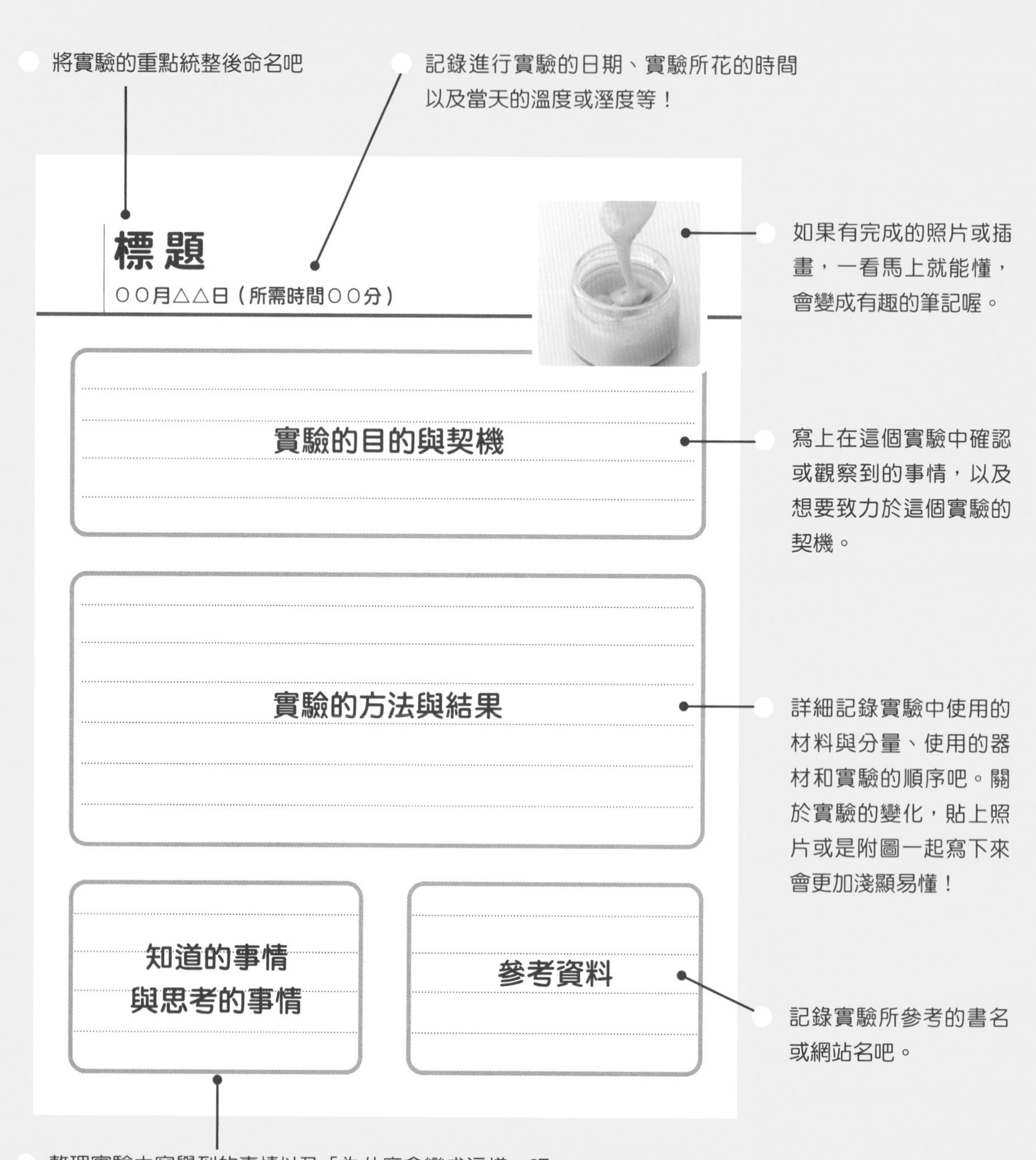

將實驗的重點統整後命名吧
記錄進行實驗的日期、實驗所花的時間以及當天的溫度或溼度等！
標題
○○月△△日（所需時間○○分）
如果有完成的照片或插畫，一看馬上就能懂，會變成有趣的筆記喔。
實驗的目的與契機
寫上在這個實驗中確認或觀察到的事情，以及想要致力於這個實驗的契機。
實驗的方法與結果
詳細記錄實驗中使用的材料與分量、使用的器材和實驗的順序吧。關於實驗的變化，貼上照片或是附圖一起寫下來會更加淺顯易懂！
知道的事情
與思考的事情
參考資料
記錄實驗所參考的書名或網站名吧。
整理實驗中察覺到的事情以及「為什麼會變成這樣」吧。

看、聞、摸、品嘗！
來美味地解明這些神奇之處吧！

小時候的我不擅長理科與科學。
一直認為「這好困難我不懂」，就這樣長大成人。
不過，科學其實就在我們的生活周遭。
即使是在鍋子或是平底鍋中也會產生神奇的變化，在超市就能輕鬆買到的食材將成為有趣實驗的材料！
就是察覺到這點，週末時我們家的廚房才會變成實驗室。
我的兩個孩子也最喜歡「可以吃的實驗」了。
如果這本結合了理科與料理的書有助於讓你感到學習的快樂，那沒有比這更值得讓人高興的事了。

料理研究家
中村陽子

大學畢業後曾擔任料理研究家的助手後自立門戶，善用幼兒食品講師的資格，活躍於親子與兒童雜誌、書籍、網站等。身為兩個小孩的母親，以能和孩童快樂學習的實驗食譜為終生志業。著有《送給大家的巧克力＆點心BOOK》（暫譯）（成美堂出版）等書。

透過動手做實驗，
進一步培育科學的芽苗

我們的身邊有許多「神奇」的事物。
請在讀了這本書後，親子一起試著做點心吧。
在製作點心的過程中，會發現到許多「神奇之處」。
此外，書中也有介紹與點心相關的科學實驗，
請務必試著親自動手進行實驗。
你一定可以接觸到身邊的神奇之處，
湧現出「真是神奇啊」、「為什麼會這樣呢」的心情。
這份心情，正是大家心中的「科學芽苗」。
請珍惜去培育科學芽苗吧。

日本東京開成國中與高中 化學科教師
宮本一弘

東京都立大學畢業後，於東京工業大學研究所結業。理科碩士。在學校任教，同時不遺餘力地舉行兒童或小學生取向的實驗工房、能體驗化學的活動與演講等，為拓展對理科與科學的興趣而進行活動。也擔任 NHK 高中講座「科學與人類生活」的監修。

參考文獻

《「可以吃的」科學實驗精選》（暫譯）尾嶋好美著（SB 創意株式會社）

《不可思議的料理科學》平松サリー著（晨星出版社）

《發現奇妙事物！試著做科學實驗吧！》（暫譯）Vol.1~Vol.3 (Resonac)

https://www.resonac.com/jp/sustainability/jikken

烹飪與食譜設計 中村陽子
監　修 宮本一弘（開成國中與高中 化學科教師）
設　計 藤原由貴 (okamoto tsuyoshi+)
插　畫 Morinokujira（森のくじら）
攝　影 佐山裕子、柴田和宣（主婦之友社）
校　對 濱口靜香、鈴木直子
構圖與文本 浦上藍子
責任編輯 市川陽子（主婦之友社）

科學腦養成計畫：可以吃的實驗圖鑑

作　者　中村陽子
監　修　宮本一弘
譯　者　郭子菱
責任編輯　朱永捷
美術編輯　康智瑄

發 行 人　劉振強
出 版 者　三民書局股份有限公司
地　址　臺北市復興北路 386 號 (復北門市)
臺北市重慶南路一段 61 號 (重南門市)
電　話　(02)25006600
網　址　三民網路書店 https://www.sanmin.com.tw

出版日期　初版一刷 2023 年 6 月
書籍編號　S300420
I S B N　978-957-14-7632-2

「理系脳をつくる 食べられる実験図鑑」
© Yoko Nakamura 2021
Traditional Chinese Copyright © 2023 by San Min Book Co., Ltd.
Originally published in Japan by Shufunotomo Co., Ltd.
Traditional Chinese Translation rights arranged with Shufunotomo Co., Ltd.
through Keio Cultural Enterprise Co., Ltd.
ALL RIGHTS RESERVED

著作權所有，侵害必究
※ 本書如有缺頁、破損或裝訂錯誤，請寄回敝局更換。

三民書局